目录 CONTENTS

你的"面子观"需要更新吗? *1*

你是哪种面子美女? *12*

新面子美女必备化妆品 *24*

面子彩妆速成步骤 *43*

面子彩妆必备要素 *50*

新面子美女主题妆容:生活场合化妆 *124*

新面子美女护肤法则 *133*

新面子美女发型表情 *141*

美妆无敌

Meizhuang Wudi

主编 M·梅

成都时代出版社

图书在版编目（CIP）数据

美妆无敌/M·梅主编；郭立、刘晓琴、张芸副主编.—成都：成都时代出版社，2009.2
ISBN 978-7-80705-865-6

Ⅰ.美… Ⅱ.①M…②张 Ⅲ.化妆—基本知识 Ⅳ.TS974.1

中国版本图书馆 CIP 数据核字（2008）第 149000 号

美妆无敌
MEIZHUANG WUDI

主　编　M·梅
副主编　郭　立　刘晓琴　张　芸

出品人　秦　明
责任编辑　陈德玉
责任校对　张　露
绘　　图　倪　娜
责任印制　莫晓涛

出版发行　成都传媒集团·成都时代出版社
电　　话　（028）86619530（编辑部）
　　　　　（028）86615250（发行部）
网　　址　www.chengdusd.com
印　　刷　四川联翔印务有限公司
规　　格　185 mm×210 mm　1/24
印　　张　6.5
字　　数　170 千
版　　次　2009 年 2 月第 1 版
印　　次　2009 年 2 月第 1 次印刷
书　　号　ISBN 978-7-80705-865-6
定　　价　25.00 元

著作权所有·违者必究。举报电话：（028）86697083
本书若出现印装质量问题，请与工厂联系。电话：（028）85952163

你的
"面子观"
需要更新吗?

Part One

新面子观念1

很多中国女性平日没有化妆的习惯，大多嫌麻烦，或者无论怎么化，看着也不自然，于是索性不化。身边多的是素面朝天、无彩没色的姐妹，一样上班、逛街。其实，化妆并不是说要让你从粉底到腮红再到眼眉，一个步骤不少，每次都至少花一两个小时来个全副武装。

仅仅是卷翘浓密的睫毛，就可以让眼睛更有神，更有女人味，这就是化妆的最大功效。小小的修饰，就能改变气质。现在许多化妆师开始采用局部化妆。如果你的皮肤好，那就不要再防晒、粉底、蜜粉一个不少，而是用带有防晒值的妆前修饰霜或隔离霜一步OK，最多再以遮瑕笔稍稍遮瑕就好；如果你的唇色已经够红，那就放弃唇膏，使用透明唇彩甚至润唇膏抹抹就好。新面子观念第一要点，时尚化妆应选择适合自己的步骤，加上熟能生巧，这才是"王道"。

OUT　化妆步骤一个不能少
· 全面化妆

IN　局部化妆才是时尚之选
· 重点化妆

美妆无敌 | 3

新面子观念2

眼睛小,就用眼线、睫毛、眼影拼命撑得大点;嘴太大,就用粉底和唇膏掩饰,使之看起来小些……总之,想尽办法掩盖自己脸上不够完美的部分。而今为这样的目的而化妆的观念已经过时了。

找出自己脸上的优点:也许我的眼睛是小了点,但我的嘴形很漂亮啊,那么,选择适合我的唇膏,把唇妆作为妆容的重点,精心勾画出优美的唇;也许我的五官不够美丽,但肌肤却是光滑细腻,吹弹得破,那就不用粉底,展现肌肤的自然光泽和红晕……尽力张扬自己的优点,把化妆的重点放在自己具有优势的部位,而不够完美的部分不去刻意强调,让优点的光芒将其掩盖、淡化,这才是化妆的目的。

OUT 化妆的目的是掩饰缺点
· 浓妆艳抹的单眼皮美女

IN 化妆的目的是突出优点
· 清新动人的单眼皮美女

4

新面子观念3

没时间化妆,但又想自己看起来充满精神吗?那至少要在睫毛根部刷上睫毛膏!没错,刷上睫毛膏已经超越涂上口红,成为时尚化妆最重要、最不可缺少的一步。它不同于使用口红,让人轻易就看出化了妆。透明的肌肤,自然的双唇,仅仅用睫毛膏作点睛之笔,充满女性魅力而无比性感的妆容就诞生了。因此,新面子观美女们一忙起来,眼影可以不要,口红可以抛开,但绝对不能放过对睫毛的修饰。

OUT 口红必不可少
· 只有口红的裸妆

IN 睫毛才是必不可少的
· 只刷睫毛的裸妆

美妆无敌 | 5

新面子观念4

使用修容粉中的影色,用在两颊和脸部轮廓线,是修饰大脸、胖脸、嘟嘟脸常用的有效手法。但在光线明亮的地方,就会很容易看出影色修饰过的位置,让妆容看起来不干净。

并不是只用特定的产品来完全掩饰才是唯一的技巧,而利用高光的光影作用,将不足之处加以修饰,这才是化妆技巧之所在。高光让脸部轮廓分明,凸显立体感,骨骼突出了,与其他低凹部分产生明暗差,形成自然的阴影,起到瘦脸的作用。这样的修饰,即使光线再强,也看不出来。另外,用腮红、唇彩和眼睛来吸引注意力也是一个技巧。

OUT 脸大只有用阴影遮
· 有阴影粉修饰的脸妆

IN 高光也可以让脸更立体
· 用高光修饰的脸妆

6

新面子观念5

提亮脸部骨骼突出的部分，是使东方人相对平坦的脸部看起来更加立体的常用办法。珠光白色的眼影粉是使用得最多的，扫在T区、眉骨、下巴、颧骨上等骨骼位置，做出高光的妆品。但实际上，对黄皮肤的亚洲人来说，金属质感的金色亮粉更为适合，妆效更自然，色调更能完美融合，即使在带有紫光灯照明的场合，也不会像白色珠光亮粉那样呈现出诡异的荧光色。冷调子的肤色可以选择同样偏冷的香槟金色，暖调子的肤色可以选择偏暖的日落金色。

OUT　做高光一定要用珠光白
　　　・用白色高光的黄种人妆效

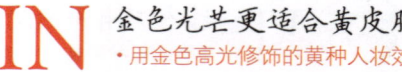

IN　金色光芒更适合黄皮肤
　　・用金色高光修饰的黄种人妆效

新面子观念6

近年,美容界纷纷推出奢侈保养妆品,动辄上千元的价格,就算是都市白领也要好好掂量一番。这些昂贵的奢侈妆品,的确有自己昂贵的理由——或珍稀难得,或效果显著,更多的是两者皆有,与几百元的同类产品相比,确实有本质区别——但这并不意味着越贵的对于你来说就越好。其实,对年轻的肌肤来说,如果用更多营养、更强效果的昂贵抗皱类产品,不仅仅是浪费,还会造成肌肤负担;如果自身的肤质本来不是很好,即使用轻薄无痕的奢侈粉底,效果也好不到哪里去。跟专业美容顾问确认自己的肌肤年龄,挑选适合自己肌肤年龄的妆品,才是聪明的选择。

OUT 妆品越贵效果越好
· 高档抗皱化妆品

IN 适合自己肌肤年龄才是好
· 年轻美女手持普通化妆品

8

新面子观念7

一年四季，潮流不停转换，因此就有了每一季的时尚发布，但这些秀台和美模演示的妆容造型，不但让人觉得难以仿效而且追得疲惫不堪——毕竟生活不是作秀。

在选择流行的妆容造型时一定要慎重。流行不一定就适合，但是在自己选择的妆容和造型里加入流行元素很重要。其实，只要撷取一点点你喜欢并且适合你的时尚元素符号，你就具有了这一季的时髦。

时尚只需一点点
· 淡妆中突出烟熏眼妆的面部

新面子观念8

很多人不化妆的原因，是觉得化妆后需要清洁肌肤，认为如果不化妆，只需用水来清洁皮肤就行了，简便省事。事实上，水虽然能使肌肤变得清新滋润，但不能洁净皮肤，烟尘、分泌的油脂、使用的滋润防晒产品会黏附在肌肤上，因此也需用一些能去脂除污的洁面产品。

另外，化妆后，只用卸妆产品去掉脸部色彩也是不能彻底清洁肌肤的。其实，妆后洁面很简单，先卸妆再洁面，两步保证肌肤健康。先以洁面油卸妆，再以洗面奶去除脸上残留的油分和污垢即可。

OUT　没化妆用水清洁就好
　　　・用水洗脸

IN　双重洁面保证肌肤健康
　　・先卸妆再用洗面奶

新面子观念9

夏季要防晒，相信有点肌肤保养常识的人都知道。但仅仅是日头毒的夏季才需要防晒吗？答案是：不。日光对肌肤的伤害不仅只存在于夏季，即使是冬天阴天，紫外线对肌肤的伤害同样存在。阴天时UVB（中波紫外线）或许会大幅减少，不过，UVA（长波紫外线）却没有因此变少，而且UVA的穿透力是很强的，可透过三厘米厚的强化玻璃。忽略防晒不仅会让皮肤本身的保水能力变差，并可导致色斑、衰老甚至癌变等多种皮肤问题的发生。

防晒是肌肤护理不可或缺的重要一步。新的防晒观念提倡四季都要防晒，只是冬天用SPF值15以上的粉底或隔离霜就可以了。另外，防晒的年龄也要提早，儿童时代就开始注重防晒，才是肌肤健康的基础。

OUT　夏季有阳光才要防晒

IN　防晒不分年龄和季节

新面子观念10

干性皮肤才缺水,油性皮肤越补越油?真的是这样吗?事实上,皮肤的出油量和角质层的含水量是否充足,没有绝对的关系。油性皮肤虽然油光满面,但实际上是缺水不缺油的状况。油性肌肤也会遇到干燥的问题:油光满面,毛孔粗大,并且时时遭粉刺侵袭;肌肤抚摸有粗糙感,仔细看还有小细纹。尤其是在秋冬季节和空调房间里,当肌肤的真皮层缺乏水分,表皮细胞就会开始萎缩,皱纹等问题会显得分外明显,这是任何肤质在秋季都可能出现的变化,只是干性皮肤的人表现得更明显。

对油性肌肤来说,出油和缺水都得对付,清洁、控油、补水都不能偷懒,脸上不同部位使用不同功效的护肤品。选用清爽的水质保湿产品(如保湿凝露、喷雾、润肤露等),用在容易缺水的脸颊、额头等部位,控油的产品用在T区、下巴等部位才是正确做法。

OUT 油性肌肤不需要补水   IN 保湿不分肌肤类型

2 你是哪种面子美女？

Part Two

美妆无敌 | 13

魅力主张：了解你自己

你喜欢的≠适合你的，这个道理谁都明白。化妆也一样，适合自己的才是最美的妆面、最好的技法。因此我们要首先认识自己：明确了解自己的脸形、肤质、眉眼的形状、耳鼻的量感、头发的粗细软硬等本质的与生俱来的特质。

准备工作

1. 找个光照充足且正面左右都有光的地方。
2. 卸干净自己脸上的彩妆。
3. 穿上套头的圆领T恤。
4. 准备好笔和纸。
5. 在镜子面前凝视自己，确定自己的脸、眉、眼、鼻、耳、唇的形状，对照以下的问题，确定自己的类型。如果自己拿不准，也可以请家人或朋友一起看。
6. 或者使用相机拍摄一张正面和一张侧面的照片，对着照片勾画。

【自我测试】
你的脸是属于什么形状的？

脸形是指面部轮廓的形状。脸的上半部是由上颌骨、颧骨、颞骨、额骨和顶骨构成的圆弧形结构，下半部则取决于下颌骨的形态。这些都是影响脸形的重要因素，而颌骨在整个脸形中起着尤其重要的作用，是决定脸形的基础结构。

古代，人们常把"鹅蛋脸"也就是椭圆形脸看做是美人的标准脸形，如今，通过大量的调查和专家的论证，"瓜子脸"的现代中国美人更被大众所认可。

并不是每个人都拥有一张标准的脸形，而且标准的脸形也会因为不加以调整而流于一般，反倒不似其他脸形可以通过化妆等造型手段，表现出独属于自己的个性和特征。

第一步 找出三个宽度和一个长度

撩起头发，露出额头和发际线，然后，正面看着镜子中的自己，寻找三个宽度：额头宽度、颧骨宽度、下颌宽度。

额头宽度是左右发际转折点之间的距离。

颧骨宽度就是左右颧骨最高点之间的距离，它是两颊的最宽点。

下颌宽度其实就是两腮的最宽处。

脸宽就是脸的最宽度，可以通过比较额头、颧骨、下颌的宽度来确定最宽值。脸长是从额顶到下巴底的垂直长度。

掌握了这几个数值之后，您就可以对照着脸形和分类来找出您自己的脸形了。

第二步 开始画图

您可以把脸全部露出来拍张正面照，用笔在脸上的上下左右两侧对应地画些记号并连接起来，你便得到了一张自己的脸形图。

◆ 画出发际线
◆ 画出脸部轮廓线
◆ 连接两边额头
◆ 连接两边颧骨在脸部轮廓线的外缘
◆ 连接两边下颌在脸部轮廓线的外缘
◆ 连接额头顶部到下巴底

第三步 开始测试

Q1：你的额头、颧骨和腮骨的关系怎么样？
A. 额头比下颌稍窄或同宽，颧骨最宽。
B. 额头和下颌同宽，颧骨最宽。

C. 额头、颧骨和下颌同宽。

D. 腮骨最宽，颧骨稍窄，额头稍宽。

E. 额头部分最宽，下颌部分最窄。

F. 颧骨部分最宽，额头和下颌几乎等宽，都比较窄。

G. 额头、颧骨、下颌的宽度基本相同。

Q2：你的发际线是什么形状的?

A. 发际线呈弧形。

B. 发际线呈圆形。

C. 发际线呈水平。

D. 发际线可能带尖，也可能是水平或弧形。

E. 发际线通常呈水平线，可能带有俗称的美人尖的心形。

F. 发际线常呈短弧形，有时带有美人尖。

G. 发际线常呈短弧形。

Q3：你的脸部线条感怎么样?

A. 下巴与额部的线条柔美细致。

B. 下巴与额部的线条圆润，下巴比较短。

C. 下颌骨与额线线条刚硬，呈方形，额角较宽。

D. 下巴与额线常呈曲线，较少形成角度，且下颌骨宽大。

E. 下巴既窄又尖，长度略大于宽度，额线常呈曲线。

F. 额线有角度，也可能呈曲线状，下巴和额线都比较陡峭，较尖。

G. 脸宽小于脸长的三分之二。

答案分析

选同样的字母在2个以上的，就是属于那种脸形，字母完全不同的，就是混合脸形。

A. 椭圆形脸。又称做鹅蛋脸。显得唯美、清秀、端正、典雅，是传统审美眼光中的最佳，但相对现代人来说，显得稍欠个性感。

B. 圆形脸。圆润丰满，有点像婴儿一样。显得活泼、可爱、健康，很容易让人亲近，但也容易给人幼稚和不信任的感觉。

C. 方形脸。轮廓分明，极具现代感，给人意志坚定的印象，完美糅合了女性的柔美与坚强个性，但对于女性来说显得不够柔和。

D. 梨形脸。也被称做三角形脸，在视觉上是最有稳定性的一种脸形。给人亲切、温和、不拘小节的感觉，同时也显得脸比较宽，而且缺少柔美感。

E. 倒三角形脸。也称心形脸，是属于现代美女的脸形，散发出妩媚、柔弱、细致的独特气质，但也容易给人留下单薄、刻薄的印象。

F. 菱形脸。显得比较狭长和尖锐，带有比较明显的个性感和不稳定感，但如果修饰得当则能表现出自己独特的骨感和俏皮的一面，给人留下深刻印象。

16

G. 长型脸。显得理性、深沉而充满智慧，却容易给人老气、孤傲的印象。

【自我测试】
你的眉毛是属于什么形状的呢？

眉形是指眉毛轮廓的形状。

完美的眉形从眉头、眉峰到眉尾的线条很明确很清楚，左右眉头之间要有一根半到两根食指的宽度，也可以定位在内眼角与鼻翼垂直的延长线上，为一只眼的长。在眉毛全长的三分之二位置上，眼睛平视时在黑眼球的外侧上方，是眉毛的最高点，可用笔杆垂直确认位置。眉尾跟眼尾到鼻翼，刚好连成直线，或与鼻翼外眼角处成45°角，与眉头高低基本呈水平或高于眉头。

标准的眉形是：眉头在眼头直上方；眉峰从眉头开始，眉长2/3稍内侧；眉尾，由眼尾上斜45°，使眉头与眉尾的位置在同一水平线上。

第一步 准备工作

放松面部，拍一张正面照片，在照片上勾画出轮廓，能帮助你看清自己的眉毛形状。

第二步 开始画图

◆ 连接眉头和眉尾底边
◆ 连接眉头和眉尾的顶边
◆ 连接左右眉头底边，并延长至左右眉尾
◆ 连接鼻翼外侧和内眼角，并延长至眉头附近

第三步 开始测试

Q1：眉头的位置和关系怎么样？
A. 眉头在内眼角正上方的内侧。
B. 眉头在内眼角正上方外侧。
C. 眉头在内眼角的正上方开始，两眉之间的距离可容纳一只眼睛的宽度。

答案分析

A. 向心眉。给人一种面部的紧张感。如果太过于内侧，更会显得严肃而压抑，不够开朗。
B. 离心眉。给人感觉面部温和、活泼，但是太过外侧的话，又会造成不够聪慧的印象。

C. 标准的眉形。

Q2：你的眉尾和眉头底边延长线平行吗?

A. 眉尾偏离水平线而上升。

B. 眉尾与水平线平行。

C. 眉尾下降超过水平线。

答案分析

A. 上升眉。具有曲线美，能使面部看起来有纵长的效果，感觉充满灵气与活泼。不过高度太大的话，则会造成可怕、凶恶、严肃的感觉。

B. 水平眉。水平眉尾具有弥补面部过长的缺点，感觉温和与平静。

C. 下降眉。这种眉形感觉和蔼可亲，不过也带点忧伤。如果下降的幅度过大，则感觉悲伤与猥琐。

Q3：你的眉毛轮廓怎么样?

A. 眉尾比眉头稍高且上斜，线条较为水平，无明显的眉峰。

B. 眉峰尖锐形成角度。

C. 眉峰在中央，弯曲的幅度大而明显，呈缓和的拱形。

D. 眉峰处有明显的弧度，整个造型细长。

E. 眉形较短，眉尾稍往上翘，眉毛的长度与眼睛同宽。

答案分析

A. 直线眉。

B. 角度眉。

C. 柳叶眉。

D. 柔顺眉。

E. 俏丽眉。

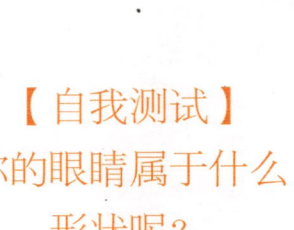

【自我测试】
你的眼睛属于什么形状呢?

眼形是指眼部轮廓的形状。

眼睛的形态决定容貌的上半部分的美丑。不少专家研究认为，美丽的眼睛形态是：长度应为28～34毫米，宽为10～20.5毫米。上睑最高点为中内1/3交界处，下睑最低点为中外1/3处。睁眼时，内眦高于外眦，整个上睑软组织较薄而显清秀，睑缘全部可见，上睑睫毛略长而稍向上均匀散开，下睑睫毛略短而稍向下均匀散开。眉毛下缘至上睑缘距离为22毫米左右，两眼内眦间距离为35毫米左右，角膜露出率为75%，这样的眼部形态给人一种完整的美感。

第一步 准备工作

轻轻闭眼然后张开，放松脸部肌肉，双眼正视前方，拍一张脸部的正面照片，在照片上勾画出轮廓，能帮助你看清自己的眼睛形状。

第二步 开始画图

◆ 连接眼头和眼尾
◆ 连接睁眼时上眼睑最高点和下眼睑最低点
◆ 连接两眼头
◆ 连接眼尾到脸部外边缘

第三步 开始测试

Q1：你的外眼角形状是什么样的？

A. 上扬。

B. 下垂。

答案分析

A. 上扬眼。上扬眼是指内眼角低、外眼角高。其中的丹凤眼，被中国传统认为是最妩媚、最漂亮的形状。眼睛形状细长，眼裂向上、向外倾斜，外眼角上挑，多为单眼皮或内双。但这种眼形如果太过，就容易给人感觉比较小气。

B. 下垂眼。下垂眼的眼形内眼角高、外眼角低，让人感觉有凄苦之相。

Q2：你眼睛的形状是什么样的？

A. 内眼角圆润，低于外眼角，整体细长。

B. 内眼角圆润，整体呈圆形。

C. 内眼角尖锐，整体呈两端细中间宽。

答案分析

A. 凤眼。眼形呈细长，眼尾角度上扬。

B. 圆眼。比较可爱。

C. 杏仁眼。被认为轮廓完美的杏仁眼，其线条轮廓有节奏感，外眼角朝上，内眼角朝下，眼睛两段的走向明显相反。

Q3：你的眼睛位置是怎样的？

A. 眼头之间宽度等同于一只眼长。

B. 眼头之间宽度小于一只眼长。

C. 眼头之间宽度大于一只眼长。

答案分析

A. 合适的眼睛比例。

B. 眼头间窄，容易现小气。

C. 眼头间过宽。

Q4：你的眼皮上有褶皱吗？

A. 上眼皮平滑无褶。

B. 睁眼时上眼皮看起来平滑无褶，闭眼时能看见褶皱。

C. 褶皱明显，眼窝深陷。

答案分析

A. 单眼皮。东方人的单眼皮多半属浮肿的眼形。

B. 内双眼。眼睛总会因张开眼后让眼影隐藏了起来。

C. 深陷眼。深陷眼是由眼睑过分深陷、眉弓特别突出造成的。使人感觉棱角过于分明。

【自我测试】
你的鼻子属于什么形状？

中国人颜面较纤巧，额骨鼻突处一般低平，鼻梁以小巧细窄为美，额骨鼻突至鼻尖，女性微具凹弧，鼻端微翘，曲线较柔和。悬胆鼻是一直以来美的鼻形的代表。鼻梁高低和弯曲度适中，鼻翼大小合适，整个鼻的轮廓明显、清晰，鼻中隔适当。挺拔、俏丽的鼻梁，舒展脸部的比例，给予人既雅致又独具魅力的印象。然而，完美无缺的人是不存在的，主要是看鼻子的形态是否符合本民族的特点和在面部整体形态中的比例是否协调。

第一步 准备工作

轻轻闭嘴，放松面部肌肉，拍一张面部的正面照片，在照片上勾画出鼻子轮廓，能帮助你看清自己的鼻子形状。

第二步 开始画图

您可以把脸全部露出来拍张正面照，用笔在脸上的上下左右两侧对应地画些记号并连接起来，你便得到了一张自己的脸形图。

◆ 画出发际线
◆ 画出脸部轮廓线
◆ 连接两边额头
◆ 连接两边颧骨在脸部轮廓线的外缘
◆ 连接两边下颌在脸部轮廓线的外缘
◆ 连接额头顶部到下巴底

第三步 开始测试

Q1：你的鼻子在脸上横向的比例是怎样的？

20

A. 鼻子占其中的1/5左右。
B. 少于1/5。
C. 多于1/5。

答案分析
A. 合适的宽度比例。
B. 窄鼻子。
C. 宽鼻子。

Q2：你的鼻子在脸上竖向的比例是多少?
A. 鼻子占其中的1/3左右。
B. 少于1/3。
C. 多于1/3。

答案分析
A. 合适的长度比例。
B. 短鼻子。
C. 长鼻子。

Q3：你的鼻子高度如何?
A. 鼻梁约11毫米，鼻尖相当于鼻长度的1／2（23毫米左右）。
B. 鼻梁低于9毫米，鼻尖低于22毫米。
C. 鼻梁的高度低于4毫米，鼻根部低平，鼻尖圆钝。

答案分析
A. 合适的高度。
B. 扁平鼻。
C. 塌鼻梁。

Q4：你的鼻孔是怎样的?
A. 鼻孔呈卵圆形，直径不超过鼻翼内侧脚。
B. 从正面看，可以清楚看见鼻孔。

答案分析
A. 优美的鼻孔。
B. 朝天鼻。

Q5：你的鼻梁的形状是怎样的?
A. 鼻梁狭直，鼻尖向上而尖。
B. 鼻梁中间突起，形似拱桥。
C. 鼻梁长且凸曲。鼻尖向下，向内歪曲成钩状。
D. 鼻梁低、鼻尖粗短，鼻翼鼻尖连在一起，如蒜头状。

答案分析
A. 尖头鼻。
B. 拱桥鼻。
C. 鹰钩鼻。
D. 蒜头鼻。

【自我测试】
你的嘴唇属于什么形状？

是饱满性感的唇形美，还是上下比例均匀、线条弧度优雅的唇形美？是唇形宽大但比较匀称的唇给人的感觉沉稳更打动人心，还是上下唇形皆薄且唇形小而内敛的理性之唇或小而丰满的浪漫之唇更让人心动？有专家发表女性美唇标准值应为：上红唇5～8毫米，下红唇10～13毫米。但实际上不是达到了这样的数字标准就是美唇了，还要看和脸部其他五官的搭配是否和谐。

第一步 准备工作

轻轻闭嘴，放松嘴角，拍一张唇部的正面照片，在照片上勾画出轮廓，能帮助你看清自己的嘴唇形状。

第二步 开始画图

- ◆ 连接左右唇角
- ◆ 沿唇部轮廓线用笔勾出能一眼看出的线条
- ◆ 沿唇裂勾画更为明显的线条
- ◆ 连接上唇顶和下唇底

第三步 开始测试

Q1：你的双唇的厚度是多少？

　A. 红唇部分少于标准最低值，上唇厚度在5毫米以下，下唇厚度在10毫米以下。

　B. 红唇部分在标准值内。

　C. 红唇部分为标准高值，上唇厚度8毫米，下唇厚度12毫米。

　D. 红唇部分高于标准最高值，上唇厚度大于8毫米，下唇厚度大于13毫米。

答案分析

　A. 特薄唇。

　B. 中等唇。

　C. 丰满唇。

　D. 特厚唇。

Q2：你的左右唇角连线长度是多少？

　A. 35毫米。

　B. 36～50毫米之间。

　C. 大于50毫米。

答案分析

　A. 小巧唇。

　B. 适中唇。

C. 特大唇。

Q3：你的唇部轮廓线条是怎么样的？
A. 唇峰线条硬朗，唇底如舟。
B. 唇峰距离近，嘴角线条陡峭。
C. 唇峰线条圆润，唇底饱满。
D. 唇峰不显，嘴唇轮廓缺少起伏的线条。

答案分析
A. 方形唇。
B. 尖形唇。
C. 圆形唇。
D. 扁平唇。

【自我测试】
你的头发属于什么发质？

"为什么很多发型看上去很漂亮，发型师却给我做不出那样的效果？"其实答案很简单，这跟每个人的发质有关系。发型设计是很个性化的工作，就像每个人的身体健康状况不同一样，各种头发的质量和现状也有很大差异，这些差异正是发型选择的关键所在。

第一步 准备工作

测试的前一日洗发，洗后不要使用护发素和其他发胶、发乳等饰发品。

洗发后第二日，拔下几根头发。

找个光照充足的地方。

第二步 开始测试

Q1：你的发根和发丝油腻吗？
A. 发根已出现油垢，发丝也油腻。
B. 发根无油脂，发丝干燥打结，不容易梳理。
C. 发根油脂少，发丝无油腻。
D. 发根油腻，发丝干燥。
E. 发根不容易油腻，发丝经常打结，不易梳理。

Q2：洗发后第二日，你有头皮屑吗？
A. 很少有头皮屑。
B. 有很多的头皮屑。
C. 只有少量头皮屑。
D. 少有头皮屑。
E. 有较多的头皮屑。

Q3：你的头发外观如何？
A. 发质细。
B. 干枯、无光泽；缠绕、容易打结；松散。
C. 柔软顺滑，有光泽。

D. 靠近头皮1厘米左右以内的发根多油，越往发梢越干燥甚至开叉。

E. 无光泽，具有天生的波浪似的卷曲或各种小型卷曲，并具有力度，几乎从来不会变。

Q4：用拇指与食指捏着发根、发尖猛拉

A. 弹性较好，不容易拉断。

B. 头发僵硬，弹性较差。

C. 弹性很好，不容易拉断。

D. 头发弹性较差。

E. 缺乏弹性。

答案分析

选同样的字母在3个以上的，就是属于下面相应的那种发质，字母完全不同的，就是混合型。

A. 油性发质。有油腻和湿润感，易黏结，常常贴在头皮上，梳成蓬松的发型不易保持，易恢复原状。其主要原因是头皮中的油脂分泌过多，导致液化并快速散发到头发上。适宜不需反复定型的简单发型，这样便于每隔一两天洗一次头。需要专用护发用品，专用护发用品有吸附作用，能减缓油脂的扩散。

B. 干性发质。干性发质是由于皮脂分泌不足或头发角蛋白缺乏水分、经常漂染或用过热温度洗发、天气干燥等因素造成的。

C. 中性发质。有活力，易于美发，在还未干透的情况下也容易梳理，并富有弹性和光泽。柔软，头发表面的鳞片光滑、无缺损。这种头发粗细适中，一般来说可做各种款式的发型，烫发也毫无问题。

D. 混合型发质。处于行经期的妇女和青春期的少年多为混合型头发，此时头发处于最佳状态，而体内的激素水平又不稳定，于是出现多油和干燥并存的现象。此外，过度进行烫发或染发，又护理不当，也会造成发丝干燥但头皮仍油腻的发质。

E. 天生卷发。适用各种款式的卷发，不用吹风机或卷发筒，只要自然晾干就行。护理旨在能使头发柔软、有弹性、有光泽。

测试结束啦！

最后我想说的是：很少人具有完美的脸庞，事实上很少人的左右眼、眉毛是完全相同的。实际上，当我们看一个人的时候，我们通常不会刻意去注意这些小小的差异，因为我们看的是整个脸部，而不会刻意去注意某一五官部位。然而知道自己的五官不够对称，借助化妆技巧来矫正或焕发自己的独特个性美，却是可行的。

新面子美女
必备化妆品

Part Three

3

魅力主张1：
认识彩妆用品用具

我们来谈谈彩妆用品用具。其实，对于彩妆品，大家并不陌生，我们可以把用于脸部的彩妆品根据使用的目的和部位，简单地划分为以下四种类型。

底妆品：各种色彩的粉底霜、粉底液、粉底乳、粉饼、散粉、蜜粉，各种色彩的隔离霜（妆前饰底乳）、遮瑕膏等。

眉眼妆品：睫毛膏、睫毛油、眼线笔、眼影膏、眼影粉、眉笔、眉粉、眉饼等。

唇妆品：唇膏、唇彩、唇蜜、唇线笔等。

颊妆品：胭脂、腮红、修容粉等。

彩妆用具则包括清洁、打底用的各式海绵，各式粉扑，各式材质、形状、大小的刷子，修眉的各式金属工具甚至还包括你的手指……

魅力主张2：
重新规划你的化妆包

你也许已经有一大堆五花八门的美妆美容品，什么睫毛器呀，各种小粉饼呀，说不出名目的小刷子呀，等等等等。也许你正想入门，学习化妆技巧，却不知道在有限的预算里，应该先添置什么；或许有些妆品工具放在你包里从来就没有用过……其实，化好一个妆不在于你有多少妆品工具，而关键是要看你有没有几件对你来说是必备的、重要的、好用的，对于这些妆品工具的选择和保养你又知道多少。

那么一个化妆包里应该常备哪些化妆品呢？睫毛膏、唇彩、粉底是基础，腮红、眼线和眼影是进阶，最后再加上刷具、修饰品就齐全了。

必备妆品工具排行榜

必备妆品NO1。睫毛膏

最先要购买、也最值得花钱的，就是一支高质量的黑色睫毛膏。东方人的睫毛普遍下垂，看起来无神，而单单只刷睫毛就可以让人看起来神采奕奕。因此，睫毛膏应是必备要件。

必备妆品NO2。透明唇彩或唇膏

唇色好，一只透明唇彩就够了，可直接刷在唇上；唇色不好当然要先备一只适合自己肤色的唇膏，再用透明唇彩刷在涂了唇膏的唇上。

必备妆品NO3。 修眉刀或修眉钳、眉笔或眉粉

女生可以不擦眼影，不抹口红，但是眉毛一定不要有杂毛。不管你是不是化妆，眉毛一定要修整，修整过的眉毛，不化妆都很美。可以根据自己的习惯，选择修眉刀或修眉钳修整，淡眉或眉形不好的，还需准备眉笔或眉粉，最好再加上一支斜角眉刷。

必备妆品NO4。 粉底、蜜粉或两用粉饼

改善肤色，遮盖瑕疵必不可少。不少人认为，有完美的底妆才可以称为好的妆容。另外，打过底的肌肤也的确比较好上色，同时还可以隔离彩妆色素对肌肤的伤害。两用粉饼补妆也十分方便。

必备妆品NO5。腮红

腮红带来好气色，同时还可以修容，对现代都市里缺乏自然红晕的女生来说尤其重要，根据自己肤色选一个贴近自己自然红晕的腮红颜色。

必备妆品NO6。 眼线笔或眼线膏

当然是先备黑色。新手先从眼线笔开始，技巧熟练了再尝试眼线膏和眼线液。

必备妆品NO7。 眼影

一个色系从浅到深2个色，再加上一个白色珠光或淡金色兼做高光和阴影粉用就可以了。

选备妆品工具排行榜

选备妆品NO1。 腮红刷

一般腮红里附赠的刷子都过于小或单薄了，很容易造成条纹状等不够自然的妆效，备一只可以装进化妆包里的短柄圆头动物毛的腮红刷是高手进阶的必要之品。

选备妆品NO2。 妆前修饰霜或隔离霜

是创造自然剔透肌肤、上妆前调整肌肤状态的好帮手。有些时候，选好了妆前修饰霜或隔离霜，粉底也可以省掉不用。

选备妆品NO3。 棉签和软纸巾

这些用品相当于橡皮擦，修饰一些细小之处。当你的眼影涂得过重，可用棉签帮助擦掉，也可以用来吸干或去掉多余的妆粉。

选备妆品NO4。 乳液

用于打底前使用，滋润皮肤，也可以与粉底液同用，调节透明度或保湿度。还可用于改妆，补妆时卸去不合适或花掉的妆容，安抚妆后干燥肌肤，做护手液用……总之，超级好用。

选备妆品NO5。 唇线笔、唇刷

无论是描绘圆柔的曲线，还是勾勒明快的线条，或者弥补唇形上的小缺陷，增加色泽的饱和度和平滑感，有唇线笔和唇刷的加入更能随心所欲。

选备妆品NO6。 眼影刷

要得到自然均匀的晕染效果，眼影刷必不可少。

选备妆品NO7。 化妆专用海绵

如果你习惯用手指打底，可以不选。但不得不说，有斜角的海绵对眼角、鼻翼等细微部分的照顾相当好。

选备妆品NO8。 修容粉

顾名思义，修容粉的作用就在于修饰，可以提亮，也可以温和制造阴影和红晕，从而改善脸部轮廓，增强立体感；还可以创造古铜或小麦肤色，自如变换潮流妆效。它的修饰效果比腮红更自然。有此需要而又具备了一定化妆技巧的姐妹可以试试看。

好了，参考以上排行榜，再根据自己肌肤和五

官的情况，逐步挑选适合的产品充实自己的化妆包吧。比如，你的眉毛浓密而形状良好，那么你就不需要备眉笔、眉粉之类；日常妆的时候，唇色已经很红，那么就可以省掉口红；皮肤红红白白滋润得好像可以掐出水来，要么不要任何打底产品，要么选择一支带SPF值的隔离霜，粉底完全可以不用。五官不够立体的，为自己备一盒高光用的眼影粉或深浅两色粉底。这时，你的基础化妆包就已经组建好了。

在自己的基础化妆包上，你可以根据自己的经济情况和化妆习惯、化妆技巧的进步，从选备妆品工具排行榜中挑选适当的产品充实自己的化妆包，进阶化妆高手。

最后，你需要做的只是，根据季节的更替、潮流的变换，出席场合的妆容要求，出差、度假还是平日上班的不同要求，对自己的化妆包做小幅度的调整就可以了，这样的方法非常方便哦。

多个化妆品牌都推出了多功能或组合式妆品，如芭比布朗的星纱盘就可以同时作眼影、腮红、提亮使用；Clarins的轻柔绚色腮红霜状粉质三合为一：既是腮红，又是眼影，还可作唇彩。

但也不是在同一化妆盒中组合得越多就越好用、性价比就越高，极有可能妆盒里很多颜色或产品对你来说不合适，造成浪费。因此，理智地选用这些产品，可以为你的化妆包减负，达到事半功倍的效果。

魅力主张3：睫毛膏怎么选？

时间紧张时，只使用睫毛膏就能营造立体明亮的眼妆，因此选择品质好、适合自己的产品是很重要的。市场上大多数的化妆品品牌也贴近消费者纷纷推出更多具有细分功能的睫毛膏。不仅如此，在颜色及功效上，还有更多的选择……

1. 选品质

所选睫毛膏，应为膏体细腻、颜色纯正、无异味、附着力强、滑爽的产品。

2. 选色彩

（1）第一支睫毛膏——黑色。

黑色是最能提高眼睛明亮度的色彩，也是最适合东方人黑睫黑瞳的色彩，因此，你的第一支基础睫毛膏应该是黑色的。

（2）潮流之选——彩色。

东方人的睫毛是黑色的，让睫毛随着彩妆颜色变化的潮流之选，就需要其他色彩睫毛膏来变化造型！常见的彩色睫毛膏，通常有咖啡色、暗蓝色、炫蓝色、紫色、酒红色等，挑选时，可根据服装的颜色或眼影的颜色来选择。和眼影相配时，如果眼影是冷色调的，建议选择蓝色或绿色睫毛膏，而若是暖色调的眼影，建议选择酒红或咖啡色的睫毛膏。

（3）PARTY之选——粉雾。

当然不可能买齐所有颜色的彩色睫毛膏。当你想尝试营造短暂而绚丽的睫毛颜色时，可以先涂一层透明睫毛膏，趁它未干时用眼影刷快速刷上想要颜色的眼影粉，可以制造粉雾状的彩色睫毛效果，非常适合去PARTY。

3. 选刷头

睫毛化妆的效果好不好，关键在于睫毛刷的变化。睫毛膏的拉长、卷翘、浓密效果其实和刷头有最直接的关系。大刷头的睫毛膏偏浓密、卷翘效果，而小刷头的则可以刷出根根分明、纤长的效果，也比较容易刷到眼角处。一般而言，睫毛刷分为螺旋状、弯曲状、纤长状，各呈现出不同的效果。另外，优良的刷毛也很重要，要让睫毛刷得又浓、又密、又卷、又翘，蘸取睫毛膏时能均匀地附着于刷子上，能固定睫毛的弧度，不会造成黏结或纠缠睫毛的现象，这种刷子必须是用空心尼龙纤维所做成。另外橡胶刷头弹性最好，钢制刷头令睫毛根根分明。

螺旋状——可以刷出根根皆清楚的效果。

弯曲状——可以快速梳理出睫毛弯曲造型，适合平直的睫毛。

纤长状——可以刷出卷翘及浓密效果。

细梳状——可以刷出干净清晰的下睫毛及自然效果。

方形状——可以刷出中间部分的睫毛根根分明，眼头和眼尾的睫毛从根部变得浓密，特别适合东方人的小眼形。

4. 选特效

找出自己睫毛的优点，试着将优点保留，掩盖缺点，这就是选睫毛膏的最佳准则。

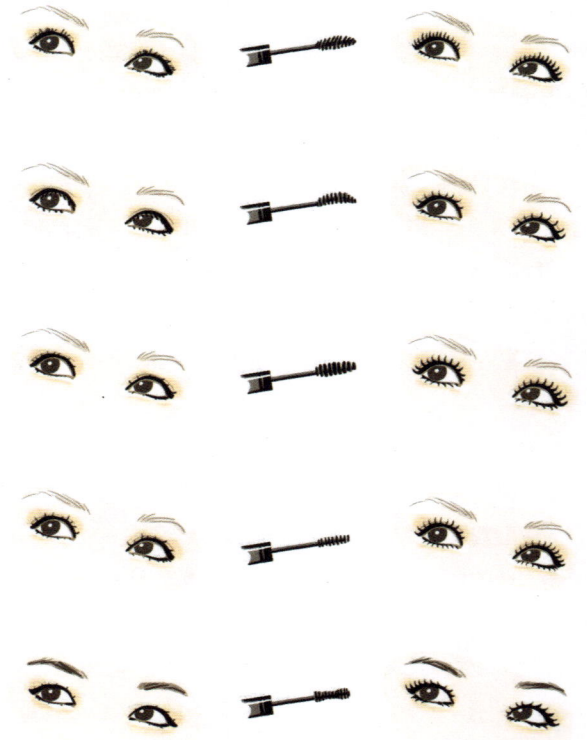

　　浓密型睫毛膏——使眼睛显得更为饱满、深邃。对长而稀疏并且本身颜色比较淡的睫毛来说，可以选择丰盈、加密的睫毛膏，可使眼睛大而有神。

　　卷翘型睫毛膏——创造芭比娃娃般的梦幻大眼。适合单眼皮和睫毛比较短的双眼皮大眼睛女生，可使眼睛显得大而明亮。

　　纤长型睫毛膏——一般加有增长的纤维，越刷越长。适合短睫毛的美人儿，让睫毛有自然的增长效果。

　　防水型睫毛膏——最适合湿热的天气，或容易晕开的眼睑。建议使用眼部卸妆液。

　　现在很多品牌都标榜多效合一，像东方人这样的眼睑一定要选择带有防水效果的睫毛膏。

美妆无敌 | 31

魅力叮咛

很多人使用睫毛膏的时候常会出现一个状况：买了不久的睫毛膏使用不了几次很容易就干掉了。其实一般的睫毛膏里通常含有虫漆、虫胶的成分，很容易因使用时不正常的开关盖子把空气带入，造成睫毛膏的干燥。正确的使用方式，应该是使用时盖子旋转出来，使用后盖子旋转进去，尽量不造成空气的进出。

卸除睫毛膏应该选用专门的眼部卸妆液，让你不用每天为了做眼部卸妆而过度拉扯皮肤造成细纹细皱的形成。对容易过敏的肌肤来说，市面上有些睫毛膏属低过敏，不含虫漆、虫胶，抗水性佳，不会结块，而且不需特别卸妆，这种睫毛膏是比较好的选择。

魅力主张4：口红怎么选？

嘴唇的肌肤与一般的肌肤相比，颗粒层和角质层都比较脆弱，需要好好保护。口红所含的油脂能发挥保护的作用，所以涂口红不仅仅是为了好看，也是为了健康。有些人喜欢在涂口红之前上一层润唇膏，其实这是多余的，反而会使口红或唇彩不容易上匀而且容易脱落。只要选择质量好的口红就可以了。因为嘴唇部位没有黑色素，并不会像腮红一样引起沉淀的现象。不过可能因为过度促进角质的生长而使唇色暗淡，另外不好的人工色素有可能引起皮炎，所以购买口红一定要注意品质。

1. 选品质

所选口红，应为膏体端正光亮、细腻平滑无气孔、颜色鲜亮纯正、无杂色、附着力强、滑爽、轻盈舒适、可保持较长时间、无不适感觉、气味淡雅的产品。

每个人的唇色都有差别，每种口红的质地都不相同，每个人嘴唇肌肤对同种口红的触感和承受力也不同，因此，试用口红时，最好不要只涂在手背上，试涂在嘴唇上是最好的方法。注意卫生，可以用棉花棒刮下上面的一层再涂。

2. 选颜色

选择口红颜色主要考虑肤色、发色和服装的颜色。口红还应与眼影、指甲油、胭脂颜色搭配。

（1）选择的第一要素——肤色。

皮肤的颜色偏黄，就要选择暖色系列，尽可能避免使用粉红色调。粉红色的口红虽然好看，但偏黄的皮肤涂上它反而会显得皮肤蜡黄、不健康。

皮肤白皙的人，才适合冷色调的粉红色系，涂上后会衬得肌肤白里透红。

（2）选择的第二要素——服色。

在涂口红之前，要将口红拿到衣服前来做一下对比，选择色彩比较相近的。口红的颜色与服装面积最大的色块或领口部位的颜色相配绝不会错。

（3）选择的第三要素——修型。

色彩明亮的口红可以使嘴唇看起来丰满润泽，而颜色深的口红则可以使嘴唇看起来薄一些。选择颜色鲜艳的口红，可以使脸颊看起来较瘦，脸也显得小了，而且它还使皮肤纹理细腻、具透明感。冷色系中的玫瑰色口红，就对于五官的立体化和脸形的修饰有很明显的效果。

建议初学化妆的女生，选用自然色泽的唇彩更容易搭配整体妆容。

喜欢尝试新色彩的人，可选择随意组合式的唇膏盒，其优点是可以随时更换、组合自己喜欢的颜色。

3. 选质感

唇膏——一般意义上我们所说的口红。唇妆用品中唇膏的种类很多，有粉质的、滋润的、超薄的、持久的等等。滋润唇膏不仅滋润效果好，还容易上色；超薄唇膏妆效自然，可达到唇彩的效果；持久唇膏颜色持久，而且颜色不易渗到唇线外。唇膏以无口味或淡口味最佳，可以配合唇线使用，唇线颜色要与唇膏相近，但要略深。

唇彩——膏体柔软而富质感，呈黏稠液状或薄体膏状。颜色多为鲜艳夺目，也有浅淡剔透和无色透明的。上色后，双唇晶莹亮丽，湿润清爽，具闪烁折光效果，增加唇部立体感。油分含量高，容易脱妆。唇彩涂后效果比唇蜜薄，颜色更淡，但清爽透气性好。

唇蜜——适合休闲时使用，滋润效果好，但透气性差，容易脱妆，更适合白天使用。唇蜜的最佳用法是在唇膏的基础上提亮、调色，也可用于晚间补妆。

魅力主张5：
画眉工具怎么选？

眉笔

眉笔是传统的画眉工具，拥有度也最高。目前黑色眉笔虽然并未退出时尚的舞台，但彩色眉笔却更具流行感。这些眉笔不仅质地更为优良，色彩也极其丰富，可以根据自己的肤色、发色及服装的颜色来进行选择。眉笔使用方便，便于携带，妆效维持度高，但是相对需要较高超的技巧，才能勾勒出自然而完美的眉形。

眉粉

好的眉粉容易显色，状态犹如眼影，其色彩多偏棕色、咖啡色系，最好不要选择过深或过浅的色彩。可配眉笔使用，也可单独使用。如果眉形工整，可直接用眉刷将眉粉刷在眉毛上，眉尾处稍淡，不要涂到眉毛轮廓之外，所需要的技巧较低，可以画得较自然，适合初学者。缺点是持久度较低，需时常补涂。

染眉膏

染眉膏是以改变眉毛颜色来达到与肤色、发色的协调统一，快速、安全而方便。染眉所选用的色彩可依各人喜好而定，咖啡色或棕色是大众颜色，是较容易搭配眼影、眼线的色彩。

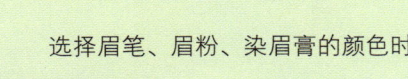

选择眉笔、眉粉、染眉膏的颜色时应注意以下两点：

1. 须与发色接近。黑头发不适合咖啡色的眉毛；发色很亮眼的人，也不适合黑色眉毛。如果染发后的发色和眉色差太多，可使用染眉膏，让色调更和谐。比发色深一些的眉色一直都是时尚界的经典教义，如今眉色与发色统一也是较好的搭配。

2. 须与肤色和谐。一般来说，黑色、灰色和褐色是适合大多数东方人的眉毛颜色。黑色会有果断、古典的感觉。灰色显得优雅、自然。褐色比较现代。毛量越少，颜色要越浅，画起来才自然。

魅力主张6：
粉底怎么选？

1. 选品质

（1）粉质细腻，与皮肤融合性好，服帖不浮粉。把粉试擦在手背或手腕上，轻轻用水冲，或喷点水，两三分钟后如果不易擦下，浮粉的机会较低。

（2）延展性好，即具备能均匀推开的特性。质地不腻，易推开，滑而不厚重较佳。

（3）遮瑕度和透明度好。具备遮盖毛孔与修饰肤色效果，还能营造肤色自然透明感。薄薄涂抹，既可较好地遮盖瑕疵，又不失真实的肌肤质感。

（4）持久性强，长时间带妆不脱妆，抗紫外线。

（5）透气性好，不油腻，不阻塞毛孔，容易卸妆。

（6）不含香精，无刺激，长时间使用也安全可靠。

2. 选颜色

（1）正确的挑选方法是关键。

各个厂家因为质感、添加的物品和色泽差异而有名目繁多的产品，即使是同样的象牙白色，在不同的厂家那里都有色彩的差异。很多女性对此不知所措，根本不知道自己应该挑选什么样的产品，象牙白、乳白、自然色……到底它们有着怎样的区别？

其实有个最简单的方法可以教给大家：正确的粉底颜色应与你皮肤的颜色相配。选择的最佳方法是：试用时，不要将粉底涂在手上，手与脸的皮肤，因为功能不同、呵护程度不同，很多人的脸实际上要比手部的肌肤细嫩白皙得多，所以在手背上试用是不科学的。多数专柜小姐为顾客在手上试用是为了卫生起见，因此，你可以要求使用消毒专用彩妆棒或一次性棉棒来挑பி彩妆品，而不是直接向脸上涂抹，以免造成细菌、病毒的传染。

直接将试用妆挑一些，用干净手指擦在脸颊后下方靠近下巴的位置，然后跟销售人员讲明要到室外光线下观察。因为室内的灯光远比室外的阳光来得柔和，如果在阳光下都非常适合的颜色，在室内通常也能够使用。如果颜色合适，照镜子的时候，你将不会觉察粉底的存在，否则就不合适。为确保颜色合适，你可以将拿不准的几款粉底同时涂一杠在脸颊上接近的地方，在你脸上最不显眼的那个颜色就是最适合你的。

魅力叮咛

1. 选择黄色基调的粉底，不要选择粉色基调的粉底。除非你当真白得能透出粉红，否则定会让脸和脖子有明显色差。

2. 如果脸上多凹凸不平的痘痘、痘印，就不要选高光或闪光的粉底，那只会使凹凸不平更明显。

3. 永远记得在自然光下检视颜色。有鉴于卖场的自然光微弱，你可以自备小镜子到室外仔细比较。

（2）修正肤色的粉底色。

黄色：黄色的粉底能让我们的黄皮肤看起来均匀、明亮，而且肤质宛如搪瓷一样细致柔和，但不能用得太多，最好让黄色和肤色粉底按1:4的比例进行调和。

紫色：适合肤色偏黄、暗沉的人，对遮盖黑眼圈也有神奇的效果。它能让肤色变得晶莹剔透，细腻而有透明感。如果点在眼下、鼻梁和额头等突出部位，会宛如有烛光照着一般，让脸庞立时生辉。

粉红色：如果肤色苍白，那么粉红色粉底可以让你面色红润健康。另外，在双颊使用，可以代替腮红，呈现一种非常自然的白里透红的感觉。

绿色：肤色偏红、偏黑，或者脸上有小雀斑、痘痘留下的小疤痕，那么有了绿色粉底，这些小烦恼便可以轻松搞定。因为绿色粉底能即刻漂白阳光肤色，遮盖小斑点。

3. 选质感

常见的底妆包括粉条、粉底霜、粉底乳、粉底液、粉霜饼、粉饼（两用）等等。其各自特性效果如下。

粉条：膏状质地，油脂及粉质含量最高，遮瑕效果最强，适用于瑕疵皮肤及浓妆，但是需要掌握技巧才能上得均匀、完美。

粉底霜：乳霜质地，油质和粉质含量都较高，有较强的遮盖力，遮瑕力中等。适用于中性、干性及专业化妆造型。

粉底乳：乳液质地，较滋润，遮盖力、延展性皆适中，好推匀上妆。适用于任何肤质。

粉底液：质地较稀且清爽，妆效较透明自然。适用于任何肤质。分两种：水包油型较清爽，适合油性皮肤使用和夏季使用；油包水型较滋润，适合中、干性皮肤使用和冬季使用。

干粉底：是将碎粉压缩了的粉底，如果直接将粉底涂于面上，有助吸去面部油分，特别适合油性肌肤。

两用粉饼：粉质含量较高，可当做干粉底或湿粉底使用，使用简单，携带方便，同时兼具上妆补妆功效。除特别干肌肤外皆适用。遮瑕度一般，不及粉底液。

粉霜饼：较两用饼湿润，兼具粉底霜上妆及粉饼定妆功效。除特别油肌肤外皆适用。

蜜粉：并不具有粉底效果，也就是说并无上妆遮盖效果。但是它却具有非常好的定妆效果，同时能修饰肌肤，使之更细致、更具透明质感。

魅力叮咛

粉条、粉底霜、粉底乳、粉底液通常需要搭配蜜粉，才能达到定妆的效果，也就是上完粉底后再扑上蜜粉；补妆时则使用压缩蜜粉，又称蜜粉饼。

两用粉饼可以单独当粉底上妆使用，也可作为出门补妆使用。

4. 选肤质

干性或熟龄肌肤：选择液状、霜状、膏状较滋润的粉底，避免使用具有控油效果的产品。熟龄肌肤通常有干燥问题，如果为了妆效持久而选择控油粉底，皮肤反而更干燥，妆看起来更厚，细纹更明显。

中性皮肤：基本上多数配方都可以选择。

油性皮肤：容易出油、长痘痘的人，其实不化妆比较安全。如果真需要上妆，粉饼、蜜粉较能避免刺激皮肤或阻塞毛孔，最好选择清爽不黏腻，标示"oil-free"（无油）、"non-comedogenic"（不会促使粉刺形成）或"non-acnegenic"（不会造成粉刺形成）的产品，并以淡妆为宜。另外，如果皮肤特别能出油，建议只在眼部等上色部位扑上一点蜜粉，甚至完全不用底妆，眼、唇部位重点上妆即可。

5. 选特效

长时间待在空调房间的上班族，应该选择具有保湿功能、可补充流失水分的粉底，如标示有保湿因子的产品。

喜欢待在户外的人，应该注意持久防晒，防晒值（SPF）建议至少具备SPF15，并兼具PA++双重防御功能。

如在天气干燥的秋冬季节，就应该挑选具有滋润功效的粉底液，让肌肤一整天享受柔润的呵护。

当天气转暖，油脂分泌渐趋旺盛时，应选择具有抑制油脂分泌效果的粉底液，让肌肤保持清新和舒爽。

魅力主张7：腮红怎么选？

1. 选品质

（1）选择国内外著名生产厂家的名牌产品。

（2）粉质越细腻越好。自己一定要亲自感受一下，抹一下不会有过多的散粉出来，这样的质地不错，也比较容易上色。

（3）应注意选保质期内的产品，以防其变质。

2. 选颜色

根据肤色选腮红。肤色较暗的人，选择颜色较深的腮红，尽量选择偏橙色胭脂，例如杏子色；但千万不要选那种一搽就太明显的腮红。

肤色较白皙的人，就搭浅色的腮红，还可以根据妆容要求自由选择胭脂的颜色，例如玫瑰红。

古铜色肌肤的人，除了太粉红或是正红色的腮红不适合外，大地色系或其他的腮红都OK，要注意的是腮红一定要有珠光，以衬托肌肤的健康光泽。

新手选腮红时，最好选浅色系列而且和你红颊一模一样或接近的颜色。

3. 选质感

（1）粉状腮红。

状似粉饼，易显色，妆感不持久。颜色选择多，可用大型腮红刷涂染，创造出雾质妆感，但以少量为佳，若使用太多，会与原来的肤色产生较大的色差。

（2）霜状腮红。

易显色，妆感持久。比较适合已经熟悉粉状腮红的女性，可用海绵或手指涂抹，塑造出自然又亮泽的脸颊。

（3）液状腮红。

如同从肌肤透出来的BABY肌妆效，色泽持久。但不易推匀，很容易出现色块，需要较高的技巧。

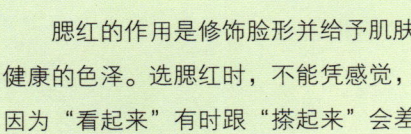

腮红的作用是修饰脸形并给予肌肤健康的色泽。选腮红时，不能凭感觉，因为"看起来"有时跟"搽起来"会差很多，一定要注意。

使用腮红时，有的人认为肤色很好就不用涂粉底、隔离霜，直接搽在皮肤之上就可以了，这是非常错误的。因为其直接接触皮肤容易使肌肤发炎，令色素沉着，而且腮红中含有红色素，它会提高肌肤对阳光的感受性，从而引起肌肤暗沉并引起黑斑。

魅力主张8：眼线工具怎么选？

眼线工具分为眼线笔、眼线胶与眼线液等几种不同类型。

1. 眼线笔

铅笔型眼线笔使用、携带都很方便，价格较低，是一般工薪女性的随身携带之物。但它的表现力较弱，着色后较易脱落，适宜于短时间着妆时使用，是工作和日常生活中随时补妆的工具之一。因着色淡雅、柔和，可以反复描绘，不会因为一笔失误而毁掉精心画好的妆面，提供了修改错误的机会，所以很适合初学绘眼线者。选择的时候要求笔芯的软硬度适中，容易上色，最好能含防水配方，可以轻松画出细致又不晕染的眼线线条。

2. 眼线液

表现力强，着色后不易脱落，描画线条也较为流畅。但因为其笔尖的粗细受到限制，画出的线条粗细没有变化，不易反复修改，需要较高的技巧，画眼线时可以轻拉眼皮，若线条不够完美，重复画时必须特别小心。

3. 眼线胶

表现力强，着色后不易脱落，描画线条也较

为流畅。价格较高,需使用专用眼线刷。画出的线条可粗可细,着色可浓可淡。由于这种眼线胶画出的线条着色充足,还可以用手指将所画线条轻轻晕开,充做眼影,既快捷,又显得和谐、自然。

魅力叮咛

对于东方人的肤色和眼睛颜色,黑灰色和深褐色的眼线笔是最佳选择。如果脸色偏黑或偏黄,应选择黑灰色的眼线笔,才能令眼睛更突出一些;如果脸色是健康的粉红或白色,选择深褐色或其他彩色眼线笔,能使眼睛显得神采飞扬,富有魅力。

魅力主张9:眼影怎么选?

1. 选品质

(1)选择国内外著名生产厂家的名牌产品。

(2)粉质越细腻越好。自己一定要亲自感受一下,抹一下不会有过多的散粉出来,这样的质地不错,也比较容易上色。

2. 选颜色

(1)肤色。

白皙肤色:冷调子的白皙肤色几乎任何色系都适用,粉红色调会更加衬托出皮肤的光洁。

偏黄的肤色:暖调子的黄肤色可用偏紫的粉底液调整好肤色,棕色、橙色调、暖的大地色系会很适合。

小麦肤色:偏深的健康肤色,使用金棕色、绿色、橙色调会很有异国风味,很漂亮。

(2)服色。

蓝紫色系如深蓝、浅蓝、紫红、玫红、桃红等服装,眼影用色为棕、紫红、深紫、浅蓝色来搭配。

粉红色系如白、黑、灰、粉红、红等服装,眼影用色为棕、粉红、驼、橘红、灰色来搭配。

棕色系如淡棕、深棕、土红、棕红、驼色、米色等服装,眼影用色为棕、驼、灰色来调和搭配。

(3)年龄

年龄段15~25岁:通常可选择含亮粉的浅粉色系的眼影,因为较自然,更能体现少女年轻肌肤的晶莹剔透。

年龄段25~40岁:可选择粉色系,也可用很深的紫、蓝、金棕,因为这些色彩较成熟，能体现出女人的性感。

年龄段40岁以上：以选择棕红系为主，它可提高皮肤的亮度，显得既庄重又很精神。

别忘了检查眼影的颜色"抹出来"与"看上去"的颜色是否一致。劣质的眼影往往看似色泽饱满，抹出来却轻描淡写，这种眼影妆效不持久，并会在双眼皮开合处留下难看的"粉痕"。

对于那些在选择眼影时总也搞不定的人，有很多小块颜色的眼影盒会是绝佳的选择，可以让你有很多的尝试。

3.选质感

眼影粉：使用最广的眼影种类，使用起来较简便，可利用指腹、眼影棒、眼影刷等工具创造自然或浓艳的妆效。

眼影膏：色彩浓度较高，色泽也较亮，比眼影更易上色，而且不容易掉色，可以显出较美的层次。

眼影霜：乳霜质地，较滋润，色彩浓艳清淡皆有，妆效持久。

眼影液：液状眼影滋润性好，能瞬时干燥却保留液体质感，其质地轻盈，光泽通透，易于上妆，可自如表现或自然淡雅或轮廓分明、颜色夸张的眼妆。但其用量不易控制，易脱妆，不易晕染。

眼影笔：携带方便，使用上很清爽，通常以指腹或眼影棒推匀后再扑上蜜粉即可。

有的人皮肤非常敏感，遇上不得不化妆的场合，就会比较尴尬。这时应尽量使用浅颜色眼影，因为眼影颜色越浅，含色素越少，也就越安全。在涂眼影之前，可先在眼周涂抹上抗敏感眼霜，尽量让色素不直接接触肌肤。另外，敏感肌肤要尽量避免使用带闪粉的眼影，因为通常这种类型的眼影在配方中添加了油膏，不容易彻底清洁。

魅力主张10：
妆前修饰霜怎么选？

如果你的肤色暗沉或潮红，肤质粗糙或干燥，化妆时使用合适的妆前修饰产品，便能化腐朽为神

奇，变出剔透好肤质。妆前修饰霜(make up base)能防止皮肤水分的流失，同时也可以隔离彩妆，有SPF值的产品还能防止紫外线及阳光照射对皮肤造成的伤害；不同色彩的产品可以使不好的脸色得到调整；更为重要的，它们都具有修复脸部皮肤的作用，使皮肤凹凸不平处变得平滑，并有效地遮盖面部细小瑕疵，提高粉底的附着力，令上妆步骤更容易，使整体妆容更持久顺滑。可以说，妆前修饰霜起着连接面部皮肤和彩妆的作用。

那么，怎样选择一种称心、适合自己的妆前修饰霜呢？

在自然光下对着镜子检查自己的肌肤，确定肌肤属于哪一种偏色后，再来选择最适合自己的妆前修饰霜颜色。

妆前修饰霜一般备有多种颜色，妆前修饰霜是通过色彩原理，产生"有色过滤器"的感觉，能够立即平衡暗淡的肤色，令皮肤呈现自然的光彩。目前国内市场上的化妆底霜多为紫色、绿色、粉色、橙色、亮白色等，以适应亚洲女性偏黄肤色的需求。脸部肌肤较薄，看得见红血丝，经常脸红红的，可以选择使用绿色；肤色不太好、经常是黄脸的可以选择紫色；而经常气色不好的，则可以选择粉红色。带有珠光或其他柔和光泽的隔离霜可以弱化脸上的雀斑、小瑕疵，适合喜欢自然妆效的女性。

魅力主张11：其他美容工具怎么选？

1. 海绵和粉扑

化妆用的海绵主要分为洁肤海绵和底妆用的粉扑海绵两大类。

洁肤海绵的表面，有略为疏松的孔隙，水湿后手感较软，能温柔去除表皮角质。

粉扑海绵的表面，则比较细密，手感较硬。越细密的结构每次所蘸取的粉底量越少。这样细密的结构是为粉底霜和干湿两用粉饼服务的，能帮助你把粉底均匀推开，让粉底与皮肤更结合，底妆更自然更持久。

带尖角的三角形海绵能方便抹到眼角、鼻翼等细微处，是很多专业化妆师必不可少的配备。也有人喜欢用海绵来帮助搽腮红以及涂唇膏，能使色彩柔和而不易脱落，但卸妆时可能会较费力。

蜜粉扑的表面，呈绒毛状，手感柔软。用手抓住蜜粉扑定妆，可令蜜粉更均匀服帖。

2. 修饰眉眼的金属一族

修眉刀可以像剃刀一样将眉毛齐根割断，是眉毛过于浓密粗壮、需要大面积去毛的人的好帮手。能快速去除多余部分的眉毛，还不用忍痛，修出的眉形比较整齐。锋利的修眉刀有助于快速、干脆、安全地去掉眉毛，因此，钝了的修眉刀要及时更换。

眉钳当然是用来精确拔除多余的杂眉。要选择便于拿握、钳头平齐、金属弹力好的。怕疼或者皮肤容易感染的人可以选择弯头的修眉剪刀。它可以将不需要的眉毛一根根地剪掉，修出整齐的眉形，也可以把过长的眉毛修短。

睫毛夹按质材分有铁制睫毛夹、塑料睫毛夹、电烫睫毛夹，各有所长，但一定要注意购买质量好的，以免夹断睫毛。另外，如果你换了几把都无法容易地夹到眼角的睫毛，可以试试为自己添置一个局部睫毛夹。

3. 刷子

当你开始使用自己挑选的刷子，而不是妆品里附赠的刷子的时候，恭喜你已经进阶为资深化妆高手。

（1）选品质。

最关键是刷毛的质地。专业彩妆刷具的刷毛一般分为动物毛与合成毛两种。

天然动物毛布有完整的毛鳞片，因此毛质柔软，自然，富有弹性，吃粉程度饱和，能使色彩均匀服帖，且不刺激肌肤，是彩妆刷的最佳材质。

合成毛触感较硬，弹性好，毛质坚挺，纤维表面结构光滑，不容易附着干性粉末，不易刷匀色彩。但是耐用且清洗方便，比较适合涂搽湿润的产品。某些刷子需要一定硬度来达到更佳妆效，会由天然毛与人工毛混合做成。

常见刷毛材质——

貂毛：是刷毛中的极品，质地柔软适中。

山羊毛：最普遍的动物毛材质，质地柔软耐用。

小马毛：质地比普通马毛更柔软有弹性。

人造纤维：比动物毛硬，适合质地厚实的膏状彩妆。

尼龙：质地最硬，多用做睫毛刷、眉刷。

魅力叮咛

◆ 刷毛要触感柔软平滑、结构紧实饱满。挑选的时候把刷子在脸颊上来回刷几下，感觉不刺皮肤就可以。

◆ 用手指夹住刷毛，轻轻地往下梳，检查刷毛是否易脱落。

◆ 将刷子轻按在手背，理想的刷毛会呈圆形分布及没有缺口，检查刷毛的剪裁是否整齐。

◆ 以热风吹刷毛以分辨种类：保持原状为动物毛，毛变卷曲是人造纤维。

◆ 除了刷毛质地之外，专业刷具的刷头也依照上妆部位的不同而采用不同的剪裁方法呈现各种弧形的、尖顶斜口或平口的刷头形状。刷头的线条、弧度是否顺畅，都会影响上妆的效果。因此刷头形状也是影响上妆效果的重要因素。

◆ 刷具可使用很久，因此购买刷具可以多投入一些，建议购买优质的动物毛刷具。

（2）选种类。

为自己选上一套适用而且实用的美容刷，眼影刷、腮红刷、唇刷和眉刷这四种是必备之选，另外还可以加上蜜粉刷、睫毛刷和遮瑕刷。

蜜粉刷：扫出的粉妆具有丝绸质感，妆面更干净持久。

遮瑕刷：精细刷头能刷到难以触及的部位，遮瑕效果更均匀自然。

腮红刷：刷出自然弧度的腮红，晕染阴影，完美突显面部轮廓。腮红刷一般是比蜜粉刷较小的扁平刷子，顶端呈半圆形排列，这样能够保证中间能有最多的色粉，边缘保有较少的色粉，从而使胭脂轻柔地扫在两颊上，呈现自然立体的妆容效果。

眼影刷：种类繁多。需要准备不同大小的眼影刷来配合不同的眼部勾画法。一般眼影刷可分为两种：一种是扁身圆头的毛质眼影刷，用于涂较淡的眼影底色，能一次均匀涂上颜色，轻松覆盖整个眼窝，也可用于刷去眼部上多余的眼影，使色彩更均匀柔和；另一种是圆头的海绵眼影棒，可以一次蘸取更多的眼影粉，在眼睑位置加上较深的眼影颜色。推荐你的第一把眼影刷是优质的貂毛扁身圆头中号眼影刷。

眉刷：配合眉粉，能画出相当自然的眉形。较眉笔更易控制力度和浓淡。眉刷一般是尼龙材质的斜角硬刷，修眉或描眉之前先用眉刷扫掉眉毛上的毛屑，刷出理想的眉毛走势；画眉之后用眉刷沿眉毛方向轻梳，使眉色深浅一致，自然协调。对于习惯使用眉粉画眉的人来说自然更是必不可少的了。

唇刷：精确勾勒唇形，使双唇色彩饱满均匀，更为持久。

睫毛刷在刷好睫毛膏后，可用睫毛刷刷开粘在一起的睫毛，同时也可以进一步把睫毛刷得卷翘均匀。当然你也可以把使用完了的睫毛膏刷头清洗干净后，做睫毛刷使用。

4

面子彩妆
速成步骤

Part Four

魅力行动：
面子彩妆速成11步骤

化妆步骤的繁简可以根据各自条件、习惯和场合、时间不同而定。日常工作妆，就可以简略掉4、7、8步，自身条件好的话，甚至只需要1、2、3、6、9、10等几步简略淡妆就可以。

化妆的步骤也没有定式，打过粉底后，可以依照习惯先画眉眼或先着腮红。

第一步　妆前准备

清洁，润肤。容易干、保湿能力不佳的皮肤，在使用粉底之前，需先用保湿品加强；容易出油、毛孔粗大的肌肤，上粉底之前先用有收敛作用的化妆水或其他控油妆品。

第二步　妆前修饰

挑选合适的妆前修饰霜，用绿豆大小的量点在脸上，涂抹均匀就可以了。要注意的是一定不能用多了。调整肤色，并使粉底更容易上妆，更服帖。如果本身皮肤很好，也可以只抹妆前修饰霜，不需要粉底了。

第三步　上粉底

粉底能调整出均匀、自然而明媚的肤色，还可以适当遮盖脸部皮肤的疵点，衬托出化妆的效果，使眼睫、两颊、嘴唇的彩妆更为明显突出，且不易融妆，让之后的彩妆更完美。用黄豆大小的量均匀地涂抹在脸部。要注意的是眼部、头发与额头的交界处也要涂抹均匀。

第四步　遮瑕

与肤色接近的遮瑕品，在暗沉、斑点和黑眼圈部位使用，这一步只为面部有小瑕疵的人准备。

第五步　定妆

想妆容保持得更持久，不易脱妆，就必须要完成定妆的步骤——扑蜜粉。用粉扑和粉刷均匀扫过脸庞，要注意的是脸与脖子的交界处。

第六步　眉妆

眉毛是平衡脸形最关键的部位，依自己原有的眉形走向，清理干净周围的杂毛，描画时强调色泽层次与眉峰的角度，利用深色眉笔与眉粉、眉刷的搭配来完成。

46

第七步 眼线

黑色眼线笔拉出睫毛根部的线条，结合自己的眼形描绘出细致的眼线，强调眼睛的形状和眼神。

第八步 眼影

眼部运用各色眼影强调色彩光影的变化，突出眼神的光彩。

第九步 睫毛

用睫毛夹把睫毛夹翘定型，在涂抹睫毛膏时，先横着涂增加睫毛的浓密度，然后再拉长。对下睫毛的处理上可以用睫毛膏竖着一根一根地刷。刷翘睫毛使眼睛更加漂亮，这也是提升眼神光彩的重要步骤。

第十步 唇妆

涂唇膏或唇彩是让唇部更亮丽有质感，在下唇中部可适当地多涂一些使唇部更立体饱满。

第十一步 腮红

用适合自己的腮红，将脸形轮廓再次修饰，使肤色健康、自然。

5

面子彩妆
必备要素

Part Five

魅力主张1：极品肌肤从粉底开始

底妆关系到妆容是否自然，向来是女性上妆时最重要的一环。就像内衣是穿衣的基础，合适的内衣能使衣服穿得更出色漂亮，同样，粉底是彩妆的基础，好的粉底能调整出均匀、自然而明媚的肤色，还可以适当遮盖脸部皮肤的疵点，衬托出化妆的效果，使眼睫、两颊、嘴唇的彩妆更为明显突出，且不易融妆，让之后的彩妆更完美。如果说化妆如同绘画，那么粉底就是为这幅美好的图画准备了一张极品的画布，只是，这张画布就是你的肌肤。

下面，我们就开始魅力行动，分五步打造自然底妆。

第一步　妆前准备

保湿：容易干燥、保湿能力不佳的皮肤，在使用粉底之前，须先用保湿品保养，饱含水分的肌肤才容易得到均匀清爽的妆效。方法有：1.肌肤保养时尽量选择高保湿的保湿剂，如玻尿酸、分子酊、丝胺酸、甘油等，在特别干燥处，如脸颊、眼角，以螺旋状打圈轻柔按摩，帮助渗透吸收。2.高保湿的面膜。上完保养品后，不妨选择具保湿、修护角质层而不用清洗的一次性面膜，改善角质缺水状况。3.在最后上妆前拍上保湿化妆水。

收敛：容易出油、毛孔粗大的肌肤，上粉底之前先用有收敛作用的化妆水或其他控油妆品。夏季用冰镇过后的化妆水效果尤佳。

魅力叮咛

女性每天的肤质状况，都会影响妆效，尤其是作息不定（如熬夜）、压力过大、气候不稳定等因素，都会迫使肌肤处于干燥缺水状态，角质会呈现不平整、外翻的情形，肤表就有脱皮、龟裂、无光泽、细纹等状况产生，此时上妆，会感觉粉底不好推，还可能出现斑驳、脱妆、浮粉等窘况，如果再加上本身就是熟龄肌肤，那么最好能在上妆前，设法将肤况抢救一番，至少调理到容易上妆的质感，否则，怎么化妆都只会给人肤质不佳、欲盖弥彰的观感。因此，上底妆前我们需要根据不同的肌肤状况做妆前准备工作，大致可分为两种情况：保湿和收敛。

第二步 妆前修饰，调整肤色

（1）使用妆前修饰霜是在基础护肤之后、抹粉底液之前。

（2）涂抹妆前修饰霜时尽量采用一边涂抹一边拍打的方式，充分利用中指和无名指指腹部位。

（3）使用了妆前修饰霜的部位，其边缘处应薄薄涂匀，使其与肌肤色连接到一起。

魅力叮咛

妆前修饰霜用于需要改善肤色的位置，如眼肚、鼻翼两旁、脸颊或全脸。也可与粉底调和使用，比例约为1:3，可以减轻粉底的厚重感，让妆容更透明。特别在意的毛孔部位，可在推展一次之后，以手指取少量轻轻按拍，使之融入肌肤。脸色比较暗沉的地方和有斑点的地方涂一些，而额头、鼻尖、下巴等部位稍稍涂一点就足够了。脸颊泛红的，可使用绿色妆前修饰霜涂在脸颊上，不用全脸涂抹。

有很多化妆师建议肤质好的女性平常不用粉底，而选择合适的妆前修饰霜加蜜粉就完成底妆。尤其是对于仅需要改善肤色的女性，可以只使用化妆底霜，这样脸色显得更加自然通透。

第三步 上粉底

液体粉底和两用粉饼是女性日常上妆最常用的产品。

1. 液体粉底上妆步骤

（1）使用前先看清楚使用说明，是不是需要先摇匀再使用。涂抹前先用掌心为粉底液加温，以帮助粉底液更好地融入肌肤。

（2）液体粉底的分量很难控制，为避免用量过多及卫生起见，应该先把要用的量倒在手部虎口的地方，再用手指或海绵蘸着使用。每次取量以一粒黄豆大小为宜。

（3）将粉底分别快速而轻地点于上额、两颊、下巴、鼻尖的位置，然后由内向外按照脸颊、上额、鼻梁、下颌、眼眶、脖子的顺序轻轻拍开。充分利用中指和无名指的指腹，一边涂抹一边拍打，动作轻柔连贯。

你做得对吗？

错误：将粉底液一大块点在脸颊上，然后向旁边抹开。

正确：密集地在脸颊上多点几个小点，然后用中指或无名指的指腹快速轻柔地轻轻拍打抹开。

分析：上粉底的时候，点在脸上的粉底液千万不要太大块，这样很不容易在粉底液干前抹开，就会有粉底在脸上较大的面积，比如脸颊、额头等处留下不均匀的条块痕迹。另外鼻翼、嘴角及眼角等细小部位是最容易显现皱纹的部位，如果不精心涂抹，很容易显露粉底的痕迹，用中指或无名指的指腹仔细照顾是必要的。

（1）用中指指腹（或专用海绵），从面颊中心部位（大约在眼睛下边2厘米处），向外侧边缘展开，使其在面颊中心均匀分布。

（2）从面颊的中心向鼻子的方向涂抹粉底，沿鼻梁用点拍的手法向鼻子的下方涂抹，特别注意鼻翼处不要留下粉底的痕迹。手指上剩余的粉底由眼头开始向外点按后，轻柔拉抹。

（3）以额头为中心的区域，粉底的量要比脸颊处的用量少一些，将粉底涂在额头的正中，然后分别向发际、鬓角和眉的方向，呈放射状涂抹。

（4）把点涂在下巴上的粉底向唇的周围及脸的轮廓处向下晕开，使其与脖子融合，看不出明显的界限，唇角处要仔细点抹。

（5）接下来由额头向鼻梁涂抹，轻轻地快速抹一下就可以了。手指上剩余的粉底轻柔地涂抹眼皮处。

（6）最后用中指或无名指的指肚，再把鼻翼周围、嘴角、眼角等细小的部位涂抹一下，不要有残留的粉底或是上色不均匀的现象。要注意的是每个区域连接处是否已涂匀，是否已自然融合在一起。而对粉底薄厚的把握，需要靠手指的实际感觉。

（7）在全部涂抹好粉底之后，可以用双手轻轻包裹住全脸，如此可以借手掌的温度，帮助粉底更好地贴合肌肤。

你做得对吗?

错误：粉底只需要在脸上涂抹就好了。

正确：一边拍打一边涂抹，并向外推抹，一直推抹到不能再远的程度，这是一种非常好的方法，效果自然且方法简单。涂抹的时候，手指不停顿地将粉底涂抹在脸上，并且尽量抹到脸部最边缘的地方。这样完全能够减少粉底连接处的痕迹，并能与皮肤自然融合，即使是发际和脖子等部位，界限也不会明显。

分析：上粉底的时候，一定要兼顾到发际线、耳朵和脖子，要不，脖子和脸两个色，妆效就会像戴了一张粉壳面具一般不自然。

你做得对吗?

错误：均匀的粉底就是在全脸厚薄一致地涂上粉底，保证脸上每一部位的粉底厚度都相似。

正确：依据自己脸部肌肤状况，先薄薄地为全脸上一层粉底，在脸部需要遮盖的瑕疵部位再一层层地加，用指腹轻轻地拍匀。肤质特别好的年轻女性，甚至只需要涂抹肤色容易不均匀的鼻翼、下巴、眼肚就可以了。

分析：我们说把粉底"涂匀"，并不是指把粉底均匀地涂满全脸，而是需要遮盖的地方厚一点，不需要的地方薄，甚至不涂。完美的底妆讲究视觉上的均匀，绝不是厚度上的均匀。千万不要像粉刷墙壁一样打粉底，肌肤条件好的部位，底色可以尽量轻薄。

2. 干粉底及两用粉底上妆步骤

（1）若当湿粉底使用，可先将粉扑弄湿才蘸粉饼，半湿的粉扑可以令粉底变得幼细；若作干粉使用或补妆，不必将粉扑弄湿。

（2）顺着面毛的生长方向将粉底推开，额头位置以横向方法由内至外推出，面颊、鼻翼及下巴位置则由上而下均匀扫落，切忌来回反复涂抹。

第四步 遮瑕

（1）在暗沉或斑点部位用与肤色接近的遮瑕笔轻轻点上，用无名指指腹轻按推匀（点拍），使其边缘与周围皮肤的连接处色泽衔接自然，手指的温度使之与肌肤融合。油分较多的遮瑕膏则要用刷子来处理，才能保持妆效干净。

的色调暗沉会使人显老，白色遮瑕笔轻点，用手指朝太阳穴方向推散，一定要避免用量太多。

（6）痘疤凹陷的小洞部位，以刷子挑遮盖力强的遮瑕膏，填补在小洞中，轻轻按压后再上粉底、蜜粉。

你做得对吗？

错误：在发炎甚至化脓的暗疮上涂遮瑕霜，狠狠盖住它。

正确：脸部有正在发炎甚至化脓的暗疮时建议不要上妆。用个大镜片的太阳镜是聪明的做法。一定需要的话，也请选用含抗菌、控油及舒缓痘痘配方的绿色遮瑕产品。

分析：不要在正在发炎甚至化脓的暗疮上涂遮瑕霜，暗疮有脓或形成伤口的话，很容易感染细菌，处理不当流出脓水更加不美观。

（2）唇角周围及法令纹以"<"的形状画在唇角旁边及法令纹上，用手指匀开推散。

（3）下巴，内分泌失调的话更容易在这个地方长痘痘粉刺，因此，这里常常会有痘疤等残留色素沉淀现象，平均涂几个小点后，向两边外侧均匀推开。

（4）鼻翼两旁，沿着鼻翼的弧线画上细线条，这个部位用遮瑕刷会比较方便，分量只要一点点，并且使用和肌肤相近颜色是最恰当的，因为只要遮掉暗沉感就够了，鼻子部位的明亮感还是要以鼻梁为主。

（5）眼角及下眼睑，从眼线尾端向外延伸处，以及下眼睑位置会有一小段色素沉淀区，这些地方

你做得对吗？

错误：用白色遮瑕霜对付黑眼圈。

正确：在黑眼圈凹陷处，用比肤色深一号的遮瑕笔轻划一道线，用手指指腹往下以放射线朝外侧推开；再用浅肤色遮瑕笔再做一次，轻轻用指腹按压，使其更加服帖。

分析：并不是要把褐斑和黑眼圈全部遮上，正确的观念应该是遮盖到不很明显的程度（自己能接受），只有这样，才能使整体的化妆效果看起来很自然。

私房工具箱

SHUUEMURA 植村秀眼部遮瑕膏
YSL 圣罗兰明彩笔

魅力叮咛

会用遮瑕品，肌肤问题有人帮。

想用粉底来遮盖皮肤上的瑕疵，结果往往是因为涂得太厚而使整个面部看上去很不自然，这是很失败的。脸上的暗疮印、雀斑等小瑕疵需要用遮瑕产品特别处理，对一般人来说，遮瑕笔比遮瑕膏更为方便易用。只要是五官与肌肤的交界处，以及长过痘痘的下巴、表情纹等处，这些地方的肤色会因为肌肤皱褶、凹陷不平整、色素沉淀等原因，让肤色看起来就是比其他地方深，在打底之后，仔细替他们盖上遮瑕膏，整体肤色立刻变得明亮多了！

第五步 定妆

想妆容保持得更持久，不易脱妆，就必须要完成定妆的步骤——扑蜜粉。

使用大粉刷：粉刷蘸上蜜粉后，在手上略磕，摇去多余的粉，从面颊开始依次轻扫于额、眼、鼻、嘴边及下巴、脖子。

使用蜜粉扑：粉扑蘸上蜜粉后，对折揉一揉，使粉在粉扑上均匀分布，从面颊开始依次轻按于额、眼、鼻、嘴边及下巴、脖子。用大粉刷扫去多余的粉。

你做得对吗？

错误：刷子或粉扑直接蘸取蜜粉扑在脸上。

正确：将刷子在手腕或粉盒上磕一下，或将粉扑对折揉一揉，在粉盒上抖抖。

分析：不论是粉扑或化妆刷，都要事先去除多余的粉，然后才扫上面颊。否则就会出现不均或过厚的现象。

私房工具箱

娇兰流星粉盒

魅力加分心得1：如何防止脱妆?

妆容就像水果，越是新鲜的时候越是漂亮，随着时间流逝，化好的底妆因为皮肤的温度、油脂、汗水的分泌，风沙或氧化，难免会花掉，就是我们平常所说的脱妆。因为粉底溶掉，颜色也变得斑驳，整张脸甚至整个人看起来都脏兮兮的。在社交场合，以这样的妆容出席是非常不礼貌的。因此一个持久的底妆对现代女性来说尤其重要。

1. 干性皮肤

成因：当肌肤含水量低，肤质便会显得粗糙，粉妆不容易帖服肌肤。

对策：妆前准备工作做足，在上粉底的时候滴1~2滴平时使用的保湿乳液与液体粉底在手心混合后使用。这样粉底可以和肌肤较贴合，看起来会白皙透明。

2. 油性皮肤

成因：皮脂和油分的渗透。

对策：妆前准备工作做足，上粉底前先把微湿的化妆海绵放到冰箱里，几分钟后把冰凉的海绵用来打粉底，粉底会更为服帖。

3. 带妆时间

成因：到了午休或临下班的时间，再持久的彩妆也不可能像强力胶那样在脸上保持原样。

对策：最简单的做法是在原有彩妆的基础上，使用保湿喷雾在距脸部一臂远的位置喷上，稍停，用面纸吸掉多余水分，用干净海绵轻拍可以使妆容焕发第二次生命。

魅力加分心得2：用粉底制造的三种不同肌肤感觉

1. 自然肌——从肌肤里透出的红润

自然的肌肤质感才会有自然的妆感，不用粉底，而是先上一层化妆底霜，然后用遮瑕笔把该遮的遮一遮之后，局部修饰、轻刷蜜粉是透出由内而外脸颊红晕的诀窍，即使露出些微瑕疵还是明艳照人！

（1）根据自己肌肤状况选择合适的化妆底霜调整肤色。

（2）遮瑕笔修饰瑕疵。

（3）粉红色胭脂涂在颧骨。

（4）最后扫上蜜粉，让妆容轻透持久。

2. 陶瓷肌——光滑细致无瑕疵

陶瓷肌让肌肤看起来亮亮的，像陶瓷般呈现出隐约珠光感。这是哪怕脸上没有妆彩，只有淡淡的唇彩，也能衬托出亮丽肌肤质感的方法。

（1）根据自己肌肤状况选择合适的化妆底霜调整肤色。脸颊与鼻头处毛孔明显的人可以在"T"字部位追加化妆底霜。

（2）取用适量的粉底液后，加入1至2滴能呈现光泽的调色液一同调和使用，创造出更加明亮的妆效。使用粉底专用刷，从范围广的两颊处开始涂抹开。

（3）遮瑕笔修饰瑕疵。

（4）最后从鼻子、下巴、眉骨上方开始，刷上珠光蜜粉，两颊横向"Z"字形来回刷上，至呈现出立体光泽感，同时定妆。

3. 健康肌——深肤色的好选择

暖深色的肌肤可以给人健康可人、激情飞扬的印象，是深肤色女性的好选择。利用可调肤色的底妆，适量地在局部作修饰，另一诀窍是策略性地使用偏深色底妆，在局部或是有晒黑妆感的位置上巧妙刷上偏暖的褐色调，就能透出肌肤在阳光下的暖阳感，呈现时尚、棕褐色调的脸部轮廓与肤色。

（1）取用比肤色稍深的粉底，加入1至2滴能呈现光泽的调色液一同调和后，全脸上妆，创造出更加明亮的妆效。

（2）取少许古铜金或褐色碎粉，用平日里使用的蜜粉刷在额头至脸颊，在脸部轮廓处收尾，最后鼻梁用淡金色碎粉扫过。注意使用大的粉刷，以尽量少的粉量来达到自然的妆效。

（3）眼妆、唇彩、颊彩都可以使用深浅不一的金光色泽来强调健康的肤色。

（4）如果肤色较浅，就不要全脸上深色粉底，而只在颧骨等突出的部位刷上以上混合的蜜粉，这样会得到比较自然的健康肤色。

Q&A

Q：听说使用粉底会堵塞毛孔，又听说使用粉底可以隔离粉尘等脏东西……这样截然不同的意见都叫我不知所措了，到底应不应该用粉底呢？

A：不当的使用方法和不完全的卸妆方式的确会堵塞毛孔，但只要遵循正确的使用方法以及完全的卸妆方式，就不会有此困扰。相反，由于现代科技的发达，粉底的品质及功能得到提高，对肌肤的滋养和保护作用更为增强。

Q：我是混合型皮肤，我在上粉底前应该做哪些准备工作呢？

A：混合型肌肤应该在脸颊等容易干燥的部位做

保湿工作，在T区、下巴等容易出油的位置做收敛工作，尤其是夏季，冒油可不等于你的脸颊不缺水，不能嫌麻烦。

Q：我应该先用防晒霜还是先用粉底？粉底能防晒吗？我是否可以只在底妆程序就解决防晒问题？

A：从保养化妆程序来说，是从水到乳液到霜再到彩妆，所以防晒霜应该在粉底前使用。现在很多粉底或妆前修饰产品都带有防晒功能，一般在SPF10~25，有的还有PA++值，因此只要不是阳光毒辣的夏季，粉底的防晒就够了，因为皮肤上使用过多的产品会加重皮肤负担。但要注意的是，粉底并不等于防晒霜，高SPF值会使粉底成分更为复杂，所以在夏季需要高防晒指数的时候最好还是配合防晒霜使用，或者戴帽打伞。

Q：我非常喜欢只用液体粉底的透明质感，但又觉得比较油，有什么办法可以解决呢？

A：单单使用液体粉底可以得到透明自然、不着痕迹的妆效，是不少肤质好、需要快速上妆的年轻女孩喜欢的着妆方式，但同时，因为没有定妆，因此也面临容易脱妆、妆面感觉比较油的问题。对此，建议这样的人群选择使用慕司粉底、啫喱粉底和液体蜜粉做底妆，看起来是比较流动的质感，抹在脸上就成为粉质，粉底、蜜粉一次完成而且不容易脱妆，妆效也没有那么油，只是要求上妆速度要快，对技巧有一定的要求。

Q：我的肤色比较黑，在使用粉底后，脸上的颜色和额头、颈部、手臂的颜色差别很大，所以是不是皮肤太黑的人，还是不要使用粉底的好呢？

A：皮肤本来就黑的人，不要想到通过粉底来把自己变白，而是应该尽量把自己往古铜肌肤靠，就是说要选较深的粉底。具体的做法可以参考古铜肌的打底方式。然后妆容的色彩及线条可以往拉丁风格靠，采用暖金色系的眼影，张扬活力和激情，这样黑皮肤的女性也是很有魅力的。

Q：当我的粉底用完了的时候，我是否可以接着购买呢？

A：即使你习惯使用某一色号的粉底，当你再度购买时，依然需要重新试试，看是否符合目前的肤色需要。因为肤色随着季节的变换和年龄的增长都会有所改变。

Q：我的皮肤是非常干燥的那种，上粉底时应该怎么办呢？

A：如果你觉得肌肤状况非常恶劣，怎么都不吃妆，粉底都浮在脸上时，不妨在粉底液中再加入少量的保湿乳或精华液，将它们调和起来，这样会令底妆相对服帖，而且也更好匀开。

Q：我应该用刷子、海绵还是手指来涂粉底？

A：要想让粉底效果更自然，用手指涂抹的方法是既便利又节省产品的好方法。在有斑点或是肤色不够均匀的部位轻轻点上粉底液，再在全脸以"非均匀地涂抹"方法进行涂抹，不仅可巧妙修饰瑕疵，还可让整张脸看起来透亮，没有面具感。

私房工具箱

MAKE UP FOREVER 两用水粉霜

魅力主张2：
面部焦点从眉毛开始

小时候画人脸，眉毛向上画是生气发怒的脸，眉毛弯弯向下画是慈祥高兴的脸。眉毛是眼睛的框架，它对面部起到决定性的作用，为面部表情增加力度。选对了眉妆，能令人耳目一新，整个人的感觉和印象都会不一样。即使你没有化妆，只要你的眉毛经过很好的修整，你整个面部看上去也会很有精神。相比眼、唇的缤纷多变，对整张脸来说，眉妆，其实才是低调却又不可或缺的焦点部位。

下面，我们就开始魅力行动，分三步打造靓眉。

第一步　修眉

修眉毛的关键是要左右对称、整洁自然。过于做作的眉形并不讨人欢喜，根据自己脸部轮廓和基本眉形尽量修理得整洁一些，这样才能给人舒服和自然的感觉，同时保持自己的个性。

（1）修整眉骨附近的汗毛。

清洁脸部后，用专门的修眉刀轻轻刮去眉毛周围的汗毛，马上就会显得整洁很多。从发际处开始往下剔除至眉毛的上方后停止，再以由下往上的方式再次将杂毛剃干净。

（2）调整眉毛间的距离。

眉宇间的距离会直接影响面部表情，大约以一个半至两指宽的距离最理想。从鼻翼处开始垂直上升，与眉毛相交处是眉头的位置。眉间距太宽给人的印象不深刻，可用眉笔或眉粉来修补；太窄则显得过于拘谨，可拔除多余的毛。拔眉时，按照眉毛生长的方向，由内向外快速拔除，以免疼痛。

（3）正确使用眉镊。

先用温水轻敷并按摩眉毛，使毛质柔软、毛孔打开。

随后用眉镊夹住眉毛根部，顺眉毛生长方向向外或向上一次拔一根，此时动作要快，否则会很痛。

每拔完一根后立即把眉毛刷顺，检视是否有出错的地方。

当一侧的眉毛被拔去数根后，应转移至另一侧眉毛，以确保左右平衡。

拔后不要马上上色，可以先拍一点点收敛水做冷敷，以收敛毛孔、镇静肌肤。此后如果还需化妆，最好等10~20分钟后，让毛细孔收缩后再画，这样不会伤害皮肤。每次只拔一根，可多拔几次。如果一次拔掉太多，敏感的眼部肌肤会很受刺激。

在明亮的自然光线下，用放大镜配合普通镜子，可降低修眉错误的几率。

你做得对吗？

错误：眉毛的线条一定要干净利落，杂毛使人看起来不精神，所以要时常拔除多余的眉毛，拔拔拔……直至只有细细的一条。

正确：过度或不合时宜的修眉，都会使眉毛看起来很假。要想有一双浓密、自然的完美眉毛，一定要戒除过分拔眉毛的恶习，而且一定要给出眉毛自然生长的时间，一般一到两个月。

分析：眉毛的流行风格一直在变，近年强调的是浓密自然的眉妆。所谓完美的眉形，是指从眉头、眉峰到眉尾的线条都很明确清楚，眉毛的长短粗细，要由各人的眼睛和脸庞来决定。尊重自己天生的眉形是修眉的另一个重要准则，过度拔眉甚至将眉毛剃光，会影响到眉毛的生长，也让眉形显得不自然。只要是眉毛的主要走向没问题，将周围的杂毛去除，就能得到理想的眉形。要注意即使是下垂等不理想的眉毛也不要过度拔除，请教专业人士是明智之举。

（4）调整眉毛长度及眉峰。

连接鼻翼到眼尾的延长线是最理想的眉毛长度。而眉的最高处——眉峰，应该在平视前方时瞳孔中央附近。让我们利用剪刀来做修剪，将过长的眉毛修剪至合适的长度，眉尾部分可留得稍短，靠近眉头处要留得长一些。切记每次针对过长的眉只做少量修剪，以免修剪过度，造成缺口。浓密的眉毛建议每三天修剪一次，让眉毛看起来清洁整齐。

使用眉刷顺着眉毛走向轻刷，而后向下压住眉梢，以确定眉毛的长出程度。

顺着眉峰的边缘修剪眉上的杂毛。

用手托住剪刀水平挑剪，去除眉尾和眉毛当中过长的部分。

以水平挑剪的方式来修剪眉下的杂毛。

魅力叮咛

建议在你人生第一次修眉时，最好去美容院或是找身边有化妆经验的朋友来帮忙。她们可以帮忙为你修一个眉形，然后你自己买把拔眉毛的镊子，将不断新生长出的眉毛连根拔除，这样最初的眉形就可以得以保持了。

自己修整的时候，也最好先画出自己满意的眉形后，再准确看清眉形轮廓线，然后才去除眉毛周围和双眉之间的杂毛。

第二步　画眉

画眉应该先从眉毛的中间部分下笔，然后再分别向两边描画，要避免起笔过重，眉色不自然。眉笔或眉粉需选择与发色相近的色彩。年轻的女孩不适宜选择灰色，可以以黑色、棕色为主。

（1）从眉峰着手画眉毛。

先要找出眉峰。一般来说从眉尾往中间1/3处应该是眉峰处，宽度应占眉头的1/2。从这个地方开始，用45°斜角眉刷笔蘸取适量眉粉，由眉毛最浓密的中部起向后、向前描画，因为眉尾1/3处是整个眉毛较稀疏与不明显的部分，因此颜色可以较深或较饱和。

魅力叮咛

用眉笔画眉毛的时候，要一小笔一小笔地画，每一笔不该比你自然的眉毛长。

私房工具箱

美宝莲 / MAYBELLINE　专美自然眉笔

倩碧 / CLINIQUE　自动眉笔

姬芮 / ZA　恒久完美眉笔

安娜苏 / ANNA SUI　魔彩眉笔

巴黎欧莱雅 / L'OREAL　纯美眉笔

欧珀莱 / AUPRES　完美触觉眉笔

娇兰 / GUERLAIN　流金眉笔

色彩地带 / COLORZONE　眉笔

高丝·艾文莉 / KOSE AVENIR　纤柔眉笔

露华浓 / REVLON　不脱色眉笔

欧珀莱 / AUPRES　眉&眼部造型套盒

日月晶采 / KANEBO LUNASOL　眉粉

你做得对吗？

错误：用眉笔从头到尾，一笔描绘出眉形，色泽均匀，线条利落，一目了然。

正确：上色的原则，通常是眉峰的部分颜色最深，眉头与眉尾的地方颜色较淡，这样画出来的眉毛会比较自然。

分析：正常的眉毛生长规律是前浅后深，前宽后细。画眉毛首先要注意的重点就是"下笔不要太重"，切忌使力。一笔到底的缺点非常明显，容易显得妆面死板而不够神采飞扬。顺着眉毛生长的方向，多画几次，根根分明的眉形就会出来了。

（2）眉头可以稍粗一点。

眉头在整个眉形中起到统领的作用，要画得略粗一点。而且眉头上下要有细微的深浅变化才会更生动。前面2/3的眉毛通常较为浓密，因此在画的时候，可以用眉粉残留的颜色，或是以较轻的力度扫过。这样眉毛整体的颜色才会一致，千万不要一味地从头画到底。

（3）眉尾不要急遽下坠。

眉梢过于稀疏或断眉者，可用眉笔沿眉峰向后补出眉梢，线条须流畅清浅，不宜过浓。要注意眉尾不要急遽下坠，不然看起来很突兀。

　　用眉刷上的残余色彩，从眉头向眉梢全面轻刷一遍，令眉色均匀、自然。最后，重要的是，一定得用镜子检查自己的侧影，要正面侧面都好看，这是眉妆的基本点，千万别忘了！

私房工具箱

ELIZABETH ARDEN 极致眼眉两用粉饼

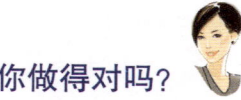

你做得对吗？

　　错误：眉毛都是黑色的，所以画眉时当然用黑色眉笔。

　　正确：画眉毛一定要选适合自己眉色和发色的眉笔，毛量越少，颜色就要越浅，画起来才自然。

　　分析：对染浅了头发的女士来说，黑色的眉毛在脸上反倒会感觉比较突兀。宜选用较原毛发色稍浅的眉笔或眉粉来画眉，或者是利用染眉膏。

第三步　定型

　　看看镜子中的自己，两个眉毛形状是否一致，色调是否自然，然后再涂上一层眉廓定型膏或是透明睫毛膏以保持形状。用洁净的螺旋眉刷沿眉头向后轻轻梳理眉毛，将色调匀开，刷头不应接触眉下皮肤。

　　用眉廓定型膏或是透明睫毛膏涂刷在眉毛上，使眉毛湿润、富有质感。还可以依照自己的喜好，整理成顺滑或杂乱状，适当上扬的眉毛会更具神气。

　　待5分钟左右，眉毛稍干些，可以再刷上有色睫毛膏，黑色、棕色可以使眉毛看起来浓密而立体，彩色睫毛膏可以得到戏剧性的效果。

私房工具箱

M.A.C　眉胶
迪奥 / CHRISTIAN DIOR　DIORSHOW 眉胶
茵芙纱 / IPSA　幻眼染眉膏(定型、柔调)
植村秀 / SHU UEMURA　缤纷韵眉膏

魅力叮咛

让眉毛服帖，其实还有省钱的方法。无须花太多的钱买那些特别贵的专业产品，把滋润乳液、秀发美容液或者滋润唇油梳在眉毛上，那些立起的眉毛就服帖了。

不要丢掉用完的旧睫毛膏棒，把它用肥皂和温水洗干净，然后用它代替螺旋眉刷，用来梳理你修好的眉毛很好用哦。

魅力加分心得1：脸形和眉形的速配

眉形必须搭配整体的外型及风格，还要考虑脸形和眼睛的形状。如果是娇小纤瘦的美人，最好以细眉为主；如果是健康运动型，可只在自然眉形上稍加修整。眉毛的量感还和五官的量感有关，如果五官又大又立体，最好搭配粗一点的眉形，否则会有不平衡的感觉。反之五官细小的人，就可以把眉毛修细一点。当然眉形也需要配合脸形，宽脸者记得把眉形画圆一点；圆脸的人则可画出一点角度，使脸部更立体。

1. 圆形脸

切忌把眉毛画成使脸部显得更加宽更加短的水平眉，这样会使脸更短更圆。因此圆脸适于描上扬眉，使脸部相应拉长。弓形的高挑眉最适合不过了，高挑的弧度，会让脸部的五官显得不那么集中，也使得脸形感觉上被拉长了！眉毛可以描画出眉峰来。眉峰如果在眉中的话，会使眉形显得太圆，所以眉峰的位置可以是靠外侧1/3处，眉峰形状不要太锐利，这样会和脸形差别太大，画出的眉形略为有上扬感就可以。眉间距可以近一些，眉形不应太长。

2. 方形脸

IN

上扬眉　短眉形

OUT

细长眉

方形脸的女孩若想修饰眉形，就该试试上扬眉，它会掩饰脸形上稍显严肃的角度，将它变圆润。也可以是短眉形，略微上扬，但不可以太细太短，眉间距不要太窄，否则会使五官显得太集中，让方形脸变得更大更方。在眉毛1/2处起眉峰，眉峰圆润，眉头略粗。

3. 长形脸

IN
一字眉　长眉形

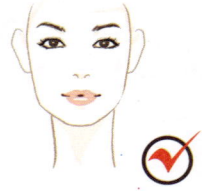

OUT
短眉形　高挑眉

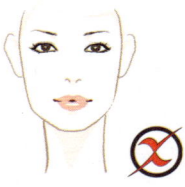

适合长眉形。一字眉是最佳选择，直直的线条，仿佛要把脸分成两半似的，反而让脸形看起来不那么长，就是两颊似乎也圆润了一些。高挑眉虽然时尚却会使得长形脸女孩儿的脸看起来更长。上扬的眉形会使脸更长，描水平眉则可以使脸显得短一些。眉形可以是粗粗的、方方的，形如卧蚕，这样会使眉毛在眼上显得有分量。在眉毛2/3处起眉峰，眉峰应平一些，眉间距短而宽。

4. 正三角形脸

IN
弓形眉　长眉形

OUT
角度眉　纤细眉

适合长眉形，不适合描有角度的眉。眉形要大方，小气的纤细眉毛会更强调上半部宽大的分量，三角感更强。较为大方的粗眉形，会起到视觉上的平衡作用，是理想的选择。但眉毛也不宜太粗，眉间距不要太窄。在眉毛2/3处起眉峰，眉头略粗。

5. 倒三角形脸

IN

自然眉 弓形眉

OUT

角度眉

较完美的脸形，不适合描有角度的眉形，不用过分强调眉峰，选择自然眉会很亲切，颇具古典美，而上扬眉会让你看上去过于严肃刚毅，给人不易亲近之感。下垂眉或大弧形的眉也不适合，下垂眉会使额头显得更长，大弧形的眉会强调狭窄的额头。只适合描略带弯度的自然眉形，缓和较直削的线条，使额头显得窄一些，缩短脸的长度。眉形要有一些曲线感，可略细一些，不要太粗厚，眉间距不宜太宽。在1/2处起眉峰，细一些，眉形不宜太长，眉峰要圆润，使脸形显得柔和。

6. 菱形脸

适合长眉形，眉形应该显得轻松自然，不可以是那种眉头很低粗、眉尾高翘而细的眉形。在眉毛1/2加0.5厘米处起眉峰，眉峰的角度最好呈明显的三角形。

魅力叮咛

初学者使用"眉饼"较易上手。

一般眉毛产品分为眉饼及眉笔两种，对于初学者而言，不妨先从眉刷蘸着眉饼开始学着画眉，因为眉刷所需要的技巧较低，可以画得较自然。用眉刷的时候，最好在蘸取眉粉后，先在面纸上轻拍几下，抖掉过多的眉粉，颜色才不会太深，看起来较自然。

魅力加分心得2：用眉毛制造的4种个性

眉梢细长，倍显成熟气质，给人妩媚感；若眉毛画得粗短则会较为孩子气，显得可爱；水平的眉毛有截断面部的效果，看上去脸部较短，令人觉得和蔼、文静而稳健。如果你喜欢给人以豪爽的印象，就要把眉画得直一点；如果你想给人一种聪明能干的印象，可以把眉略微描得竖一点；如果你喜欢别人觉得你温和善良，可以把眉描弯一点……眉毛最富于性格特点，画眉时如果能将眉形与个性气质、脸形特点和化妆定位结合在一起，就能使你的妆容呈现独有的个性。

1. 自然眉妆：素雅柔美

近年来，自然眉妆成为焦点，接近发色的眉妆，配合黑白分明的清澈眼眸，将亚洲女性天生的素雅柔美表现无遗。

自然眉形，最重要是决定眉峰的位置，约在眉头到眉尾的三分之二处，如果无法确切掌握，可以目视正前方，用眉笔从黑眼球的外缘向上延到眉毛处即是眉峰的位置，眉形就从眉头上扬到眉峰后向后延伸。

剑形眉：眉形没有角度，眉尾比眉头高，适合脸形较短、较宽的人，可以拉长脸形，使脸形削瘦，给人理智、坚定的印象。适合下垂眼。

2. 上扬眉妆：干练个性

有棱角的眉形是比较欧化的眉形。眉头与眉尾不在同一水平线上，类似标准眉，眉尾较短，在眉峰处强调带角或圆弧的眉峰。眉毛向上挑，然后笔锋直下，来个下挑。本人认为，这样的眉形看起来比较有个性。由于这种眉形给人有个性、干练的印象，适合圆形、有角度的脸形。

有棱角的眉毛更容易显出干练、理智的一面。圆脸上画棱角眉毛，会显得比较知性。在2/3处稍稍下弯的棱角眉毛显得很青春，也很活泼。

（1）在眉毛的2/3处自然地突出眉峰，末端部分要涂得淡且薄。

（2）眉毛的前端用淡褐色眼影或眉毛膏自然地

着色，涂画时要注意颜色不能过深。

3. 弓形眉：成熟温柔

在眉峰处弧度加高、弯曲，给人成熟、爽朗的印象，弓形眉的魅力在于非常优雅，能显出女性温柔的一面，能弥补有棱有角的脸形，适合于额头较宽的脸，如菱形脸、倒三角形脸的人的眉形。

（1）利用眼影化眉毛的前端，要向下画，眉峰部分要用眼影再增添一下色泽，然后其他部位要画得再圆一些。

（2）眼尾部分要利用眉笔向下方轻轻修饰一下。

4."一"字眉：古典优雅

脸形较长的人画一字形眉毛能掩盖缺陷。整体上为一条直线的眉形，会使脸部显得较宽，适合长脸形和面部比较窄的人，可缓和脸形过长，给人古典、优雅的印象。圆脸女孩切忌画"一"字眉。

（1）用咖啡色系眼影轻轻涂在眉毛上，画眉毛的同时形成"一"字形。

（2）用咖啡色眉笔安全些，从眉毛前端向末端形成"一"字形的同时轻轻涂描，再仔细修饰每根眉毛。

魅力叮咛

让稀疏的眉毛变浓密的方法：

◆ 因为修理等后天原因造成的眉毛稀疏，可以选择维他命E胶囊，刺破后，每日涂抹在眉毛轮廓上，使眉毛加快生长，时间和耐性是你必须要具备的。

◆ 另一个快速的方法是植眉，如果是先天就比较稀疏，可以去专业美容整形医院找专业人士为自己植眉。

Q&A

Q：圆脸形的我，应该画哪种眉毛？

A：脸形越圆的人，眉毛弯曲的角度应当越明显，以得到在视觉上缩短脸部宽度的效果。

Q：我的眼睛很大，眉毛却很淡，所以一定要画眉，画什么样的眉毛比较合适？

A：大眼睛适合丰满的眉形。如果眉毛太细，不仅有突兀感，还会给人有点"惊恐"的印象。

Q：有没有什么样的眉毛可以让我的眼睛看起来比较大？

A：长而弯的眉毛会使小眼睛或者单眼皮的眼睛看起来大些。

Q：我的眼睛是比较细长的那种，应该选什么样的眉形？

A：细长的眼睛需要眉毛的长度也相应长些，眉形适宜平缓流畅，色泽须自然柔和。

Q：我的头发不是黑色的，应该选用彩色的眉色吗？应该怎么选？

A：染眉膏是以改变眉毛颜色来改变脸形的有效方法之一，通过对眉色的改变以及对肤色的调整来达到协调统一，快速、安全而方便。染眉所选用的色彩可依各人喜好而定，咖啡色或棕色是一般的大众颜色，是较容易搭配眼影、眼线的色彩。传统的黑色眉笔虽然并未退出时尚的舞台，但彩色眉笔无疑更具流行感。这些眉笔不仅质地更为优良，色彩也极其丰富，可以根据自己的肤色、发色及服装的颜色来进行选择。略带金色的浅棕眉笔是这个时期的流行热点。浅浅轻扫的淡棕色，配以麦色挑染发和象牙色肌肤，是绝对的时尚形象。咖啡色一直是不老的眉色，配合各种肤色和发色都很协调。

私房工具箱

CHANL 眉部彩妆盒

魅力主张3：
眼线增加你的风采

眼线笔，眼线液，眼线粉……不管哪种，都能画出如同隐形在睫毛中的自然眼线，同时还能突显明亮的眼神。从古老的埃及艳后妆容到传统的中国戏剧脸谱，都不难看出眼影和睫毛之间那道不容忽视的弧线。眼线能勾出妩媚风采。一般人认为眼线难画，其实不然。对于东方女性眼睛的轮廓而言，以凤眼及单眼皮的条件来说，在眼线的运用上，其实是占了上风的。若能掌握其特色，将它好好发挥，凤眼及单眼皮其实是能被画得非常非常有味道的。

好啦，下面我们就开始魅力行动，分四步进阶妩媚眼线。

第一步 巧用眼线笔

利用眼线笔的自然柔和，描画出有层次的妆效是眼线进阶的第一步。铅笔型眼线笔的优点是容易用铺展的次数和长短来控制眼线的宽窄浓淡，适合画有"阴影效果"的自然眼线。使用眼线笔时先将笔芯削成扁平状，笔头不要太尖，这样不会刺激眼皮，也比较容易描绘，缺点是容易晕妆。

1. 传统做法

（1）将眼线分成3等分，先定出眼尾1/3处，由眼睛外侧，你想要的眼线长度开始，由外向内细细地画上黑色眼线，慢慢地移动眼线笔，让线条的宽度一致，轻轻地以同方向重复描绘才会很自然。

（2）从实际的眼尾位置开始向中央描绘，画出眼尾的长度。沿着睫毛根部朝眼头画去。外眼角的处理非常重要。标准的眼线应该在外眼角由宽到细自然消失，这时要立起笔尖描画，但不要用手拉起眼皮，以免妆容走形。以眼头为起点，到黑眼球的上方为界。从内眼角开始，画到眼线中部时，调整握笔姿势，让眼线笔的笔尖尽量放平，这样有助于控制力度与线条的走向。

（3）棉棒沿着睫毛根线，一点一点在画眼线的位置重复涂擦，目的是要让眼线色变得柔和均匀，同时也要顺便修整线条粗细，让眼线更加服帖有形。

前从眼头画起的线条，眼尾部分的线条可以比眼头的线条稍粗一些。

（3）下眼线的部分也可以使用眼线笔画出自然的线条，可以用无名指轻拉下眼皮，然后再紧贴睫毛从眼尾到眼角描画下眼线。

（4）下眼线只要画眼尾到眼中间的部分就可以了，制造出眼角处的眼线渐渐隐退的效果。

你做得对吗？

错误：眼线上挑好看，那就斜斜挑出，向上勾画。

正确：可以略微超出眼睛轮廓，但上扬的长度不要超过双眼皮的宽度。

分析：眼线在眼尾部分稍微上扬一点可以强调出女人味，过长会显得不自然。可以从眼尾往眼中部分画回来。

2. 时尚做法

（1）从眼头部分开始画起，到眼中部分暂停。

（2）从眼尾部分往眼中部分画回来，连接到之

私房工具箱

兰蔻 / LANCOME　艺术家眼线笔

M.A.C.　时尚眼线笔

兰蔻 / LANCOME　木头眼线笔

姬芮 / ZA　恒久完美眼线笔

巴黎欧莱雅 / L'OREAL　纯美眼线笔

安利 / AMWAY　雅姿眼线笔

娇兰 / GUERLAIN　流金眼线笔

娇韵诗 / CLARINS　防水眼线笔

欧珀莱 / AUPRES　完美触觉眼线笔

倩碧 / CLINIQUE　自动眼线笔

倩碧 / CLINIQUE　恒彩眼线笔

高丝·艾文莉 / KOSE AVENIR　流畅眼线笔

第二步　正确使用眼线液

眼线液线条浓郁流畅，不易晕妆，眼妆逼真、突出。眼睑皮肤较油者，使用眼线笔很容易脱妆，眼线液却不会令人尴尬，其优点是妆效明显，基本不晕妆，持妆时间可达到8小时。

1. 自动眼线液

建议初学者使用笔头略粗的特殊海绵头自动眼线液，容易掌握。

（1）将液体摇匀，挤出适量，根据想达到的妆效，制定粗细，选眼睑中间下笔。

（2）用手扶住眼皮，往眼尾拉着画，使其平滑，着色也比较容易均匀，眼尾可上挑。

（3）再从眼头连接至中间部分即可。

（4）液体沾到了睫毛上，要立刻擦掉，如果粘在脸上，则要立即用湿布或纸巾的一角轻轻拭去。

你做得对吗？

错误：眼线液色调浓郁，不用讲究使用顺序。

正确：眼线液比眼线笔更要求眼部妆容的顺序，正确的顺序是在眼影之后、夹睫毛之前。

分析：不同于眼线笔可以晕开，遮盖后妆效别有味道，眼线液的妆效清晰、流畅。而眼影在涂抹过程中很容易有多余的颜彩覆盖眼线的部位，使之斑驳，完全表现不出眼线液的妆效。眼影之后描绘眼线，会让眼线更清晰。而睫毛则应在眼线完成后再夹，因为如果夹睫毛之后再用眼线液，容易碰到翘起的睫毛。

2. 瓶装眼线液

（1）晃动眼线液瓶，使液体均匀。

（2）将液杆抽出时，要小心地将眼线刷上多余的液体在眼线液的瓶口上刮掉，也可用面纸吸一下笔尖，使画出的眼线粗细一致。

（3）擦净笔身，蘸满眼线液的笔身很容易沾到眼皮。

（4）画的时候小手指支住脸部或肘支在桌子上，从眼头开始描绘出细细的眼线线条。

（5）从眼睫毛根部往眼中部分描绘，如同填满睫毛根部般地连接出线条，尽量靠近眼皮的边缘才能让眼线如同隐形。

（6）沿着外眼角的弧度画出一条略微上挑的延长线，眼睛轮廓会更加明显。

（7）用过眼线液后，拧紧瓶口，不然液体将会慢慢凝固。

魅力叮咛

建议出席特殊场合时再使用眼线液。需要突出眼部线条，最好用黑色或深咖啡色的眼线液。

选择比较短的刷柄，画眼线的时候，小手指可以抵在脸颊上，这样比较好控制且不易将眼线画歪。

眼线液可以涂2~3次，但在眼尾部分最好一次完成，这样才能让线条流畅。描画时笔尖一定要紧贴睫毛，至眼尾时加粗线条。

比起上眼线来，下眼线更容易晕开，所以之前也要扑上蜜粉，防止液体眼线液晕开。

虽然优质的眼线液会干得较快，但在用眼线液画完眼线后，也不要立刻将眼睛睁开，要等到眼线液干，否则一眨眼就跑到上眼皮变两层，或沾染到眼皮而变成熊猫眼。

这些方法真的很有用，值得一试！

私房工具箱

蝶翠诗 / DHC　眼线液

赫莲娜 / HR　绚彩眼线液

倩碧 / CLINIQUE　恒彩眼线液

安娜苏 / ANNA SUI　漾彩眼线液

娇兰　流金眼线液

娇韵诗 / CLARINS　眼线液

第三步　妙用眼线膏

眼线膏的效果和眼线液比较相似，都是利落的线条，但又不同于眼线液质感的单一，可以表现珠光、哑光、金属光泽等不同的质地效果，使用时要搭配专业的眼线刷。妆效比眼线液还要长久，持妆时间可达到8小时以上。眼线膏在没干的那一瞬间，可以用棉棒将线条晕开，制造烟熏效果，这是一般眼线液做不到的，所以眼线膏也是喜爱烟熏妆、崇尚个性的女人的爱用物。

（1）刷毛前端的两面都要蘸眼线膏，眼线才会画得很饱和。

（2）上眼线由内眼角画至眼尾，末端微微向上翘，带有珠光元素的眼线膏，能瞬间提升妆容的精美奢华感。

（3）将奢华感的颜色重点运用在内眼角是一直比较流行的画法，可以用眼线刷，从内眼在贴近下眼线的睫毛根开始描画珠光。

（4）外眼角只需将颜色淡淡地扫过，最后与上眼线的外眼角自然相接即可。

（5）眼线膏内含水分，用完后一定要马上盖起来，才不会干掉。

你做得对吗？

错误：眼线膏很滋润，刷子不用洗了。

正确：每次用完刷子后，用清水马上把刷子上的眼线膏洗干净。

分析：看起来很滋润的眼线膏，在干掉以后清理起来也是很麻烦的，不清洗干净会影响刷子的寿命。另外，蘸取眼线膏后先在手背上"顺毛"，就可以避免眼线刷分岔。

私房工具箱

M.A.C. 流畅眼线凝霜

香奈尔 / CHANELLA LIGNE DE CHANEL 眼线膏

M.A.C. 眼线膏

第四步 合理使用水溶性眼线粉

眼线粉色彩和质感多变，着色深浅很好控制，浓重和清淡，甚至前淡后浓都可以画出效果，妆效变化空间非常大。快干，稳定，不易掉色，持妆时间6~8小时左右。近年流行的金色、淡啡色等与肤色较相近的眼线粉表现得非常好，适合整体妆容效果要求偏高，或是有针对性地需要改造眼部的主题性妆容。缺点在于要使用工具，出差补妆不方便，新手不容易掌握。

（1）眼线刷蘸上少许水，再混和眼线粉，眼线的轻重由蘸取水量的多少来决定。

（2）以45°角，从眼尾下笔向眼头，点按在眼线上便可。颜色由浅到深，眼角后部的颜色要画得较深。

（3）用眼线粉画眼线，眼线可以画得较宽，画粗眼线选用笔形刷，而尖头笔状眼线刷最适合画细长眼线。

（4）下眼线则由眼珠中央的下方画至眼尾，基本上适合所有眼形。

你做得对吗？

错误：眼线将眼睛框起来就好，上扬下垂都无所谓。

正确：顺着眼尾微微上挑，保持自然，不夸张，即不刻意上挑，也不往下垂。

分析：即使是晚妆也不要把眼线刻意画做上挑。同时，即使是日妆，也不要把上眼线末端向下勾画，那样会令双眼欠缺神采。另外，在眼睛向下看时，眼线应该是呈一条直线。

这些方法真的很有用，值得一试！

私房工具箱

娇兰 古铜眼线粉

香奈儿 / Chanel 双效防水眼线粉

资生堂的眼眉及眼线粉组合

深蓝水溶性眼线粉

千艺水溶性眼线粉

魅力加分心得1：画眼线的姿势

将镜子放在眼睛斜下方，距身体20厘米。

画的时候小手指支住脸部或下巴，画眼线时要将肘部在桌子上支好，防止拿眼线的手发抖，改来改去，眼线很容易就变粗了。

可以用另一个指腹将眼皮稍稍提拉起，撑开眼皮让线段画得更顺利。眼睑是人体皮肤中最薄的地方，化眼妆时，要尽量轻柔，不要用手使劲拉下眼睑描绘，否则极易使眼睛周围娇嫩的皮肤过早出现皱纹。

下巴抬高，眼光向下看镜子里的睫毛根部。

不要由于担心画不好而手握画杆太紧，因为越用力手越容易抖动。画眼线笔触感应该是轻轻描过。

魅力叮咛

眼线要卸除得干净彻底，可采用以下方法：

1. 使用专门的眼部卸妆品。
2. 把卸妆品倒在棉片上，放在眼睛上数秒钟。
3. 轻轻提拉眼皮，让眼线完全暴露，遵循从内到外的路线，一两次就可把眼线甚至睫毛液卸除干净。
4. 也可用棉棒蘸卸妆品卸除。
5. 选择眼线液时尽量选择水质的，这样既好卸妆，又不会伤害皮肤。

魅力加分心得2：用眼线演绎风情

1. 黑白眼线：80后女孩眼妆

将白色眼线画在东方人内眼睑处，不仅能让眼影显色度变好，眼睛也会变大，让人眼睛为之一亮。白色眼线还可以搭配彩色的眼线，显得清爽又活泼。

（1）黑色眼线框住整个上眼框。

（2）可利用白色眼线笔从下眼头开始沿着睫毛根部黏膜向眼尾画，不仅让眼白变多、眼睛上下也变大。

（3）眼头也抹上白色，眼尾上下交接处也用白色眼线画上一笔，达到拉长眼睛的效果。

（4）白色笔最好选择粉质质地。

2. 隐形眼线：创造清秀眼妆

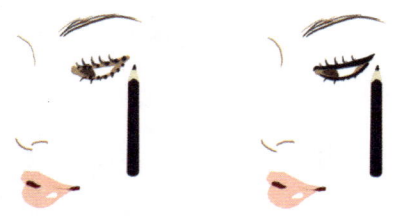

这是让眼神更分明的自然眼线。不强调眼尾和宽度，是姐妹们平时就可以运用的彩妆手法，会让眼睛的轮廓更明显，感觉上也就更有神！

（1）用"点"的方法，由眼尾顺着睫毛根部往眼头点，一点点地填满睫毛间的空隙。

（2）然后再将点连成线，就是一条让眼睛更出色的眼线。

3. 硬眼线：创造韩国美女式眼妆

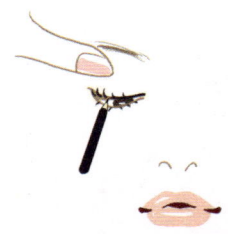

这是利用内眼线来强调硬朗眼眸的上下满画眼线。有韩国女明星感觉的那种硬硬的眼线效果：眼部清晰的轮廓衬托出明亮的眼神，上下满画的眼线强调出黑白分明的眼眸，深邃、坚定而多情。

（1）轻轻提起上眼睑，在睫毛根部内侧黏膜画上一条上眼线。

（2）下眼睑同样部位画上内眼线。

4. 上翘眼线：摩登复古的凤眼妆

这是可以让眼睛往上翘的凤眼眼线。在眼尾的

部分可加上往上一扬的小小一勾，造成一点斜斜上飘的凤眼的效果，是很适合我们东方美眉的眼睛。

（1）先用细眼线笔蘸上深色眼线膏画上眼线，由眼头顺着睫毛根部画向眼尾，前细后粗。

（2）在眼线末端、近眼角位置把眼线升高，但要注意避免翘得过高而与双眼分隔太远。

（3）下眼线前粗后细，效果自然柔和，可平衡夸张上眼线的突兀感。

（4）可以逐笔慢慢加粗，防止失手破坏眼妆。

（5）凤眼、双眼长而细或眼尾肤色偏黑的女人，可以利用眼线膏勾画复古眼线来修饰。配合衬色眼影，可改善"尖眼"缺点。

（6）紫、墨绿、黑、咖啡等深沉颜色最适合复古眼线。

5. 加粗眼线：夸张眼妆

（1）选择眼线液或眼线膏、眼线粉，最容易描出宽度。

（2）画法一样从眼头到眼尾，来回多画几次加强眼线的宽度。

（3）用棉棒，一点一点在画眼线的位置重复涂擦，均匀地、柔和地在沿着眼眶的眼窝部分晕开，目的是要让眼线色变得柔和均匀，同时也要顺便修整线条粗细，让眼线更加服帖有形。

（4）最后再用黑色眼线笔强调鲜明夺目的眼神即可。

6. 小烟熏眼妆

画好眼线后，用笔刷（棉花棒也可以），稍微晕成"小小烟熏"，最后再使用黑灰或棕金色眼影固定，就能克服眼线笔会晕染的缺陷了。

（1）从眼尾定出眼线位置和粗细。

（2）将整个眼皮撑起，左右来回，填满睫毛空隙，眼尾微上扬。

（3）用小毛刷蘸眼线粉或眼线膏，左右来回"画小圆"，将眼线画出一点阴影。

（4）使用一层棕金色眼影固定。

魅力叮咛

眼线液的液体质地和眼线膏、眼线粉需要使用眼线刷,而水貂毛头的眼线刷,需要下笔极轻,否则毛弯曲大,就很难掌握眼线的宽度,线条描绘当然会更"失控"一些,而且不易修改,所以只有当你拥有相当的绘画基础,才可以直接使用眼线液来勾画眼线。刚开始尝试使用,可以遵循以下方法,一步一步顺利升阶。

1. 先用铅笔型的眼线笔在眼线部位打一个"草稿",用眼线笔从外眼角上方距上眼睑3毫米的地方起,向内侧画一条1厘米左右的眼线,画的时候感觉像在填补睫毛间的缝隙。

2. 用液体眼线笔或蘸取了眼线膏、粉的眼线刷,沿着刚才画好的线条描画。

3. 为了使眼线富有层次,需要再次勾勒轮廓。描画时也要从外眼角开始向内画出大约1厘米。

要想使眼妆自然,必须多加练习。这个方法真的很有用,值得一试。

Q&A

Q:不管什么眼线笔,画完不超过1小时,肯定晕得乱七八糟,怎么办?

A:眼线笔会晕染很正常,因为大部分眼线笔含蜡,延展性好,虽然比眼线液好掌握线条,却会因眨眼等动作容易糊掉,晕成熊猫眼。首先一定要选择防水眼线笔;用眼线笔描绘眼线之前,先在眼线部位上一道蜜粉;画好后,沿眼线形状再压上同色系的眼影粉。

Q:单眼皮的眼线怎么画?

A:单眼皮泡肿的眼皮,一张开眼,会把画好的眼线都吃掉,可画得略粗,要画到张开眼还看得到眼线。没有别的选择,就是得画很厚一片,如果不想画这么浓,选"眼线笔+眼影"晕成小烟熏,最适合单眼皮。另外眼尾上扬更有中国味。

Q:眼睛细细长长的,但又不是那种漂亮的凤眼,怎么画,看起来不那么尖?

A:以通过加粗上眼线中部的方法,让眼睛变得又圆又亮。

Q:防水性越好的眼线笔,笔芯好像越硬,不容易上色，而且画起来有点痛，有什么办法可以解决？

A：加热一下就画得出来了。可以用手指搓一下或用打火机烤一下，或者在灯泡上烤一下。

Q：白色的眼线笔怎么用？

A：白色的眼线笔可画在下眼睑内黏膜上，起到放大眼睛的作用，也可以画在眼头、眼尾上下结合处，起到拉长眼形的作用。

Q：眼尾处上扬多少合适？

A：上扬的位置，依眼形而定。如果眼尾本身就有漂亮的上扬弧度，眼尾平行往外拉出去即可；若眼尾梢儿下垂，大约在白眼球的尾端，就要开始将眼线上扬。

Q：眼线买什么颜色合适啊？

A：第一支最好是黑色、深褐色或铁灰色。墨绿、蓝色、紫色和棕色都是很适合亚洲人使用的颜色。可以依照服装颜色或发色，搭配适合的彩色眼线。一切浅色和高光色都不能让你的眼睛变大，只会让你的眼睛变得比原来更小，所以一定要慎重。但是当把白色眼线和黑色眼线搭配使用时，将会达到意想不到的效果。

Q：双眼皮太明显，一画眼线就变得太浓，眼神很凶，应该怎么办？

A：可以尝试隐形眼线，眼尾不需要特别上扬，填满睫毛根部空隙就好，这样按自己天然弧度做出来的效果，几乎看不到眼线的痕迹，即使画眼线的技术不好，也不会露出破绽。

Q：眼线笔(液)、睫毛膏是否要统一颜色？

A：黑色或咖啡色的眼线可以任意搭配，彩色的眼线最好搭配同色系的睫毛膏。

Q：又圆又小的眼睛，眼线该怎么画才不会变成"绿豆眼"？

A：眼线一定不能画细了。将眼线往眼头和眼尾两边延伸，切记不要再顺着眼框画满一圈，那会让眼睛看起来更小。

Q：我刚刚开始练习化妆，眼线总是画得不均匀，应该怎么办呢？

A：对于刚开始练习化妆的女孩子来说，用眼线笔画眼线容易拉扯眼皮，不易画均匀。建议用眼线刷配合深色眼影画眼线，一旦画得不均匀会很容易擦掉，画粗一些也不会显得不自然。等画眼线的技术稍有提高，可以用湿润的眼线刷蘸眼线粉画眼线，再慢慢过渡到使用眼线液或眼线膏。

Q：使用眼线液时不小心画歪或画坏了，又担心将眼线液卸掉会影响底妆，怎么办？

A：可以用棉花棒蘸一点粉底液，轻轻地将画坏的线条覆盖上，再重新画上就可以了。

私房工具箱

DIOR　眼线笔，蓝色
GUERLAIN　流金眼线笔，紫色
CHANEL　眼线笔，棕黑色
HR　眼线液，紫色
ANNA SUI　漾彩眼线液

魅力主张4：睫毛"闪"出你的女人味

想知道最能增添女性魅力的化妆部位吗？一起来回忆一下小时候画卡通人物时的情形吧！当我们想要区分男孩、女孩时，总会精心地在女孩的眼睛上描出根根分明的长长睫毛，漂亮的MM便跃然纸上了。明白了吧！睫毛是最具女人味、最能表现女性特质的部位。

下面，我们就开始魅力行动，用60秒打造美丽睫毛。

9秒！夹睫毛

夹睫毛分三个步骤，但一定要轻柔地夹。

（1）眼睛往下斜着看向45°角的地方，将睫毛夹紧贴睫毛根部夹一下。

（2）然后稍微抬起来，与脸部呈60°角再夹一下。

（3）最后再挪一挪，与脸呈90°角再夹一下。

你做得对吗？

错误：夹睫毛时，只夹眼睛中部的睫毛。

正确：夹眼头的睫毛时可将眼皮稍微往后拉，而夹眼尾的睫毛时则要将眼皮稍微往前拉，如此一来就能让每根睫毛都自然卷翘。

分析：夹睫毛别忽略掉眼头及眼尾。不管睫毛膏的效果有多好，要刷出又长又翘的睫毛，夹睫毛其实是最重要的步骤。眼睛是有弧度的，而一般夹睫毛的动作往往会忽略掉眼头及眼尾的部分。

6秒！用刷子竖着涂抹睫毛底液

竖立拿着睫毛刷，一根一根仔细地涂抹就不会粘成一团了。用手指撑着眼帘涂抹起来比较轻松。

2秒！抽出睫毛刷后，应把多余的膏体用纸巾去掉

睫毛膏的黏稠度会随着开封后的时间而变化，请务必注意，不要让睫毛膏沾得太多了。

你做得对吗？

错误：使用睫毛膏时，将刷子直接抽进抽出。

正确：应将刷子从睫毛膏管中旋出，用后将刷子旋入。

分析：直接将刷子抽进抽出，会将空气带入睫毛膏管中，使睫毛膏过早变干。

6秒！蜻蜓点水

先在上睫毛的外层，用睫毛刷轻轻点一下末梢部分，然后1、2、3点三下，否则外层刷上太多的睫毛膏，会使睫毛过重，产生下垂的情形。这个动作可以使睫毛看起来更有厚实感！

6秒！从中央的睫毛开始，由根部刷起

刷子与地面平行，按照睫毛的中央、外眼角、内眼角的顺序涂抹，首先把刷子扎进睫毛根部，这样不但可以维持睫毛长时间的卷翘，更是刷出睫毛根根分明的关键！视线始终保持向下，不移动。

4秒！用"Z"字形的横向动作移动刷子，一般移动到睫毛末梢

这样刷两遍，可以增加睫毛密度。注意只把刷子转一半，就不会破坏卷曲。内眼角和外眼角的睫毛也同样这么做。

6秒！前后直向方向拉开睫毛膏的纤维

目的是增长睫毛，并达到根根分明的效果！别忘了眼头眼尾多"拉长"几下，增添你的放电指数！

3秒！在睫毛外层轻轻涂抹一次

重涂一次睫毛膏，用纸巾再去掉多余的膏体，然后在上睫毛的外层涂抹。无须用力，把刷子轻轻滑过一遍是窍门哦！

你做得对吗？

> 错误：在抽出睫毛刷时，瓶口及刷头有块状睫毛膏粘连，赶快把它推回瓶内。
> 正确：使用面巾纸将多余残块擦拭干净。
> 分析：实际上，睫毛膏是无法推回瓶内的，反而会粘连在瓶口，影响涂刷的效果。每次使用后，多花几秒钟，用面巾纸擦两下，是保养睫毛膏的好习惯。

4秒！比较难涂的内眼角和外眼角，把刷子竖着重复涂抹

把刷柄竖拿着，用刷子的上半部分涂抹内眼角和外眼角的睫毛。用手指撑着眼帘会比较容易涂抹。

4秒！"Z"字形方向轻刷下睫毛

涂刷下睫毛时，镜子处于平视位置，下巴向里收，脸部皮肤拉紧。

6秒！修整睫毛

左手提起眼睑，右手持眼线笔从下方入笔，然后在睫毛根部左右轻涂，最后用棉棒将睫毛的缝隙轻轻填匀。

4秒！梳理睫毛

为了防止睫毛粘成一团，用睫毛梳进行梳理。首先从上方开始梳理睫毛末梢，然后从下方的根部开始向上卷提梳理，这样卷曲就不会破坏，不要勉强去拉、去拽。

3. 然后利用发夹加热后的温度，将睫毛由下往上提升，一来可溶解纠结的睫毛膏，二来也具有固定睫毛弯度的作用。这个方法真的很有用，值得一试！

私房工具箱

KOSE美谛高丝　幻梦密羽睫毛膏

SHU UEMURA植村秀　手绘睫毛膏

GUERLAIN娇兰　流金浓密闪翘睫毛膏

LANCOME兰蔻　3D立体睫毛膏

BOBBI BROWN　卷翘睫毛膏

CLINIQUE倩碧　纤长魔力睫毛膏

L'OREA欧莱雅　惊艳特长滋养睫毛膏

LANCOME兰蔻　无限睫毛膏

HR赫莲娜　绒密防水睫毛膏

CHANEL香奈儿　立体纤长睫毛膏

魅力叮咛

梳理睫毛一定要趁睫毛膏未干时进行，一旦睫毛膏干掉之后就不好办了。这里再告诉大家一个私人独家诀窍，不仅可以让睫毛根根分明，而且还能又卷又翘呢！

1. 先准备一只小发夹（最常见的黑色小发夹）与打火机。

2. 将发夹前端三分之一处加热约十秒钟。

魅力趣闻

睫毛膏、粉底和口红，谁更重要？

有一个很有趣的测试，就是假设你手上只能用一种化妆品来化妆，通常你会选那一种？且以中国台湾、日本和美国的女人来举例，通常中国台湾的女孩子一定选口红，日本女性百分之九十会选粉底，但是对美国女人而言，睫毛膏大概会是首选。

这个现象说明了不同国家和地区的女人最注重外貌的哪一部分，若没在这部分涂上颜色或给予加工的话，就仿若没穿衣服似的见不得人。由此可知，台湾地区女性重视的是丰润光泽的双唇，日本人偏爱晶莹剔透的皮肤，美国人则最在乎她们的睫毛是否柔柔亮亮，闪闪动人了。所以不同的文化滋养，造就出不同的审美观，实在很有意思！

魅力加分心得1：如何防止熊猫眼?

1. 对于戴隐形眼镜的人和容易泪眼汪汪的人

成因：眼泪和汗水等水分渗透。

对策：用防水型睫毛膏是最简单的方法。另外，在纤长型睫毛膏之上重复涂抹防水型睫毛膏。补妆时再涂一次防水型冷凝剂，效果就更持久了。

2. 对于使用油分多的液体粉底的人和油性肌肤的人

成因：皮脂和油分的渗透。

对策：防水型睫毛膏并不适合。可以重复涂抹对皮脂有很强抑制作用的水性冷凝剂，也可以选择标明是"防皮脂类型"的品种。尤其是在睫毛膏容易掉下去的外眼角要加重涂抹冷凝剂。另外把用于脸部的粉底拍到眼睑上，让皮脂不接触到睫毛也是一个聪明的办法！

3. 对于睫毛向下生长的人和眨眼次数较多的人

成因：睫毛接触到眼睛周围的肌肤，从而把颜料弄到了肌肤上。

对策：采取"不要让睫毛接触到肌肤"的做法就可以了。仔细地把睫毛弄卷曲，在补妆的时候也要不厌其烦地把它往上提。

魅力叮咛

用小睫毛夹对付眼梢处下垂的睫毛：

1. 用小睫毛夹将眼梢处的睫毛夹卷；
2. 再用电热睫毛刷固定；
3. 涂上睫毛定型剂。

魅力加分心得2：用睫毛膏制造的4种迷人表情

1. 性感表情——制造假睫毛般的浓密印象

浓密的睫毛能突出眼神，让五官变得深邃立体，"一边刷睫毛膏，一边用螺旋梳梳开"是让睫毛浓密的秘诀，只要维持根根分明，多刷几层都没关系。

（1）从睫毛根部开始，刷上睫毛膏。

（2）睫毛刷直拿，以左右移动方式刷下睫毛。

（3）等睫毛膏干后，用螺旋梳刷开上下睫毛。

（4）最后上下睫毛刷上透明睫毛膏，可以让浓密更持久。

2. 妩媚表情——让眼神多彩多姿

彩色睫毛膏不但可以让眼神更立体，还能让彩妆与服装更搭配。先刷眼影再上睫毛膏是维持眼妆干净的秘诀。

（1）在上眼窝半圆形的范围刷上眼影。

（2）以小棉棒尖端，刷同色系下眼影。

（3）睫毛膏刷头横拿，以"Z"字形方式刷下睫毛(注意只刷下睫毛)。

3. 神秘表情——小女人味长睫毛

纤长睫毛是小女人的梦想，打底加睫毛膏是秘诀，不但能瞬间加长睫毛，还能不让睫毛产生分岔。将睫毛底液刷在睫毛尖端部位，就不会产生睫毛纠结现象。

（1）睫毛尖端刷上睫毛底液。

（2）等睫毛膏干后，以放射状方式从睫毛根部到中段刷上睫毛膏。

（3）睫毛刷直拿，刷睫毛尖端，这样纤维更易附着。

（4）睫毛刷横拿，以向下画圆方式刷下睫毛。

4. 可爱表情——洋娃娃般的卷翘魅力

完美呈现45°上扬的卷度，最能体现你的可爱。刷睫毛膏前先将睫毛夹出完美卷度后，再刷睫毛膏是诀窍，刷完睫毛膏后，就不要再用睫毛夹，应该用电睫毛器，才不会让睫毛膏被睫毛夹弄得到处都是。

（1）从睫毛根部将睫毛夹翘，停留约3秒钟。

（2）睫毛夹离脸部约45°角，夹睫毛中段与尾端，分别停留约3秒钟。

（3）用睫毛刷从睫毛根部以向上画圆弧的方式，将睫毛往上提拉。

（4）等睫毛膏完全干后，再用电睫毛器将睫毛烫出完美卷度，这样可以使睫毛保持一整天卷翘不下垂。

魅力叮咛

助长睫毛生长的方法：

1. 选择蓖麻油或橄榄油，每晚涂擦睫毛，能促进睫毛生长，使之变得浓密。这是一古老方法，效果虽缓慢，但确实有效。此外，在小油瓶内加入柠檬皮碎片，每日涂搽，还能使睫毛更有光泽。

2. 用完后的睫毛刷不要丢弃，用它蘸取凡士林刷睫毛是最好不过的了，每天早晚各刷一次，能够使睫毛的弹性及韧性增强。

3. 每晚剪开一粒维生素D胶丸，轻拍于眼睑和睫毛，连用3个月，能产生明显效果。

Q&A

Q：那种加浓加密型的睫毛膏，膏体很容易沾到眼睛下面的皮肤，非常讨厌。怎样才能避免呢？

A：如果在眼睛下面先轻轻扫上一层蜜粉，然后涂上睫毛膏，之后再把蜜粉擦掉，这样睫毛膏就不会再沾到皮肤上去了。

Q：我很喜欢用防水型的睫毛膏，但每次卸妆时真是很受罪，即使用了卸妆液也很难彻底卸妆。什么方法可以轻松地卸妆呢？

A：先用凡士林或者婴儿油轻抹眼睑两遍，然后再进行卸妆，就会感觉比较容易了。

Q：我全身毛发颜色都比较偏浅，但使用睫毛膏时，睫毛变得又黑又密，而头发的颜色还是浅浅黄黄的，看上去很不和谐，应如何解决呢？

A：用毛刷蘸透明唇彩，先刷上一层，然后再刷上睫毛膏，这样你的睫毛就不会变得那样浓密了，能和头发的色泽相配。此外，使用透明睫毛膏也是你的另一个不错选择。

Q：我非常喜欢彩色的睫毛膏，但怎样才能知道是否适合自己呢？

A：彩色睫毛膏要根据场合来选择，最常用的黑色睫毛膏适合白天使用，具有提亮眼神、增大眼睛的视觉效果。蓝色睫毛膏在灯光下会产生幽暗的反光效果，最适合在晚间party聚会使用。棕色睫毛膏适合肤色和发色较浅的人，不会产生沉重感。金色睫毛膏，参加party时用于点亮整体妆容是最好的选择，为了避免过于夸张，可以挑染几根睫毛而不是全部涂成金色。红色、紫色等暖色调的睫毛膏，与东方人的皮肤颜色及瞳孔颜色搭配起来对比不够强烈，除非为了与服装和化妆相配，否则不要轻易使用。

Q：睫毛会越剪越长吗？

A：不会。这种做法并没有科学道理。这种错觉是怎样产生的呢？因为被修剪后的毛发断面很不整齐，显得粗糙不平，当粗糙的毛发集中生长出来时，显得较浓密。另外，从生理机制上看，睫毛和头发也不一样，头发的寿命一般在3至6年，最长的可达20年之久，但是睫毛的寿命仅五六个月，长到一定程度就停止了，逐渐老化脱落，由新长出的睫毛取代。人为的修剪，不仅不会使睫毛变长，反而会破坏其原有的生长代谢规律。要想使睫毛变长，只有细心加以保养，并采用正确的修饰方式。

私房工具箱

魔术双重刷头

魅力主张5：眼影流露你的态度

眼睛以其丰富的表情及夺人心魄的魅力成为理所当然的主角。人们常以心灵的窗口、会说话的眼睛等来形容眼睛的无限魅力。浓淡相宜的眼影令眼部充满变化，有利于改善眼形，同时增强眼睛的层次感，让眼睛的魅力指数升级。不同的色彩更给人带来活泼的、美丽的、快乐的、自信的、出色的、呆板的、自然的、过时的、暗淡的、一成不变的等不一样的印象。

下面，我们就开始魅力行动，由浅入深染明眸。

入门版——单色平涂

这是最简单的晕染法，是用单一色彩来表现眼部神采。初学者可以从这里开始，尝试使用眼影。只需要一支中号以上的眼影刷，甚至你的无名指，将选好的眼影刷上整个眼睑或双眼皮褶皱内就好。

（1）眼影刷蘸取眼影粉后，轻弹，抖去多余的粉，色彩宁浅勿深，想要获得明显的色彩宁可多刷几次，也不要一次就颜色过重。

（2）从眼尾下笔，刷至眼中部。

（3）就着眼影刷上的余粉从眼头刷至眼中部。

（4）眼影刷在眼尾和眼头之间来回扫，使色泽均匀。最后的效果是眼尾的颜色最浓，眼中部的位置颜色最淡。

（5）立起眼影刷，用余色轻轻勾画下眼线，使眼妆上下色泽协调。

你做得对吗?

错误:既然是平涂,直接拿颜色抹上去就行了。

正确:选择的眼影颜色要根据造型需要和眼形特征确定。单色平涂也要有层次感,不要简单地涂成一个平面。

分析:单色平涂的眼影更注重对颜色的选择,一是可以与服装颜色协调,二是可以改善眼部问题,得到想要的妆效。想表现夏季的清爽可以选择蓝绿色,想改善肿泡眼可以选择哑光的深色。而且,单色平涂并不是指涂成一片颜色就好,而是通过下笔的轻重和重复上色的位置来表现眼部的结构,控制显色的范围,由此形成不同的妆效,即使是使用手指来上妆也是一样的。

进阶版——渐层晕染

这是一种自下而上、由深至浅渐变的晕染法,主要强调眼球纵向体积结构、光影效果,有立体感。用色方面较多为单色系上的深浅变化,也可以在同类色和邻近色中搭配。一般适用于单眼皮、眼部自身结构较好的眼形,可选择与造型相配合的眼影色。眼球鼓凸的眼形也可以采用此方法,但颜色要用具有凹陷感的冷色。

(1)用较大号眼影刷蘸浅色或亮色眼影,刷在整个上眼睑至眉骨下方。

(2)中号眼影刷将眼皮沟至眼窝渐变刷为中间色。只用深浅两色晕染,这步可以省略。

(3)小号眼影刷在双眼皮褶皱内或单眼皮的睫毛根部向上晕染深色,范围不超过中间色,注意交接处自然衔接。

(4)立起小号眼影刷,用余色轻轻勾画下眼线,使眼妆上下色泽协调。

魅力叮咛

在使用双色混搭技巧的时候,一种方法是把相对较浅或亮的颜色涂在内眼角,把另一个色彩刷在整个上眼皮。另一种方法则是把稍亮的颜色画在下眼睑,稍深的放在上眼睑。

你做得对吗？

错误： 反正是同一色系的眼影，渐层晕染就用一只刷子刷到底。

正确： 深浅色应该分别使用不同的刷子。

分析： 通常扁平的眼影刷用于整片眼皮的大片刷法，较窄的眼影刷是用于勾勒出层次轮廓，海绵棒头的眼影刷则用于制造眼影的晕染效果。不过，为了让眼影刷、眼影棒都能够保持在最佳的使用状态，并且能清楚地画出各种眼影的颜色，不会有脏脏的感觉，就必须养成随时清理眼影刷的好习惯。另外，不同色系的眼影也应该使用不同的眼影刷，否则会很容易破坏了眼部彩妆的效果。为方便使用眼影盒里附带的双头眼影棒的话，也应该深浅色固定使用不同的面。

私房工具箱

雅芳 / AVON　色彩双色眼影
兰蔻 / LANCOME　柔美双色眼影
色彩地带 / COLORZONE　四色调理眼影

美宝莲 / MAYBELLINE　炫色立体眼影
迪奥 / CHRISTIAN DIOR　双色眼影
茵芙纱 / IPSA　幻眼四色修型眼影
露华浓 / REVLON　琉光四色粉状眼影
封面女郎 / COVERGIRL　宝石炫色眼影
安娜苏 / ANNA SUI　魔彩眼影
植村秀 / SHU UEMURA　单色眼影
M.A.C.　单色眼影
兰蔻 / LANCOME　单色炫彩眼影
芭比布朗 / BOBBI BROWN　微绚眼影

升级版——横向晕染

这是一种左右或左中右结构的晕染法，主要强调眼球横向体积结构、光影效果的画法。常用的是左右晕染的两段式：用色可以是单色的深浅变化，也可以是两种色的搭配。单色变化时显得简洁而明朗，双色渐变时显得既柔和又富有变化。

（1）大号眼影刷从内眼角至眼中部扫为浅色、亮色，晕染的范围适当大些。

（2）中号眼影刷从眼尾下笔，渐变为深色刷至眼中部，晕染的范围至外眼角。

（3）立起小号眼影刷，用余色或其他色，从眼尾到眼中部，轻轻勾画下眼线，使眼妆上下色泽协调。

你做得对吗?

错误：眼影颜色只要按想的样子刷上去就好，无所谓深浅先后。

正确：使用的眼影色彩有深浅的时候，先上浅再上深，不管是否同一色系。

分析：上眼影最忌讳先上暗色的眼影，再上淡色的眼影，因为这样画出来的眼部彩妆不但没有明亮、突显的效果，反而有一种肮脏、浑浊的感觉。若处理不当，更可能出现"熊猫眼"的感觉。

高手版——立体晕染

这是为增加眼部立体感的晕染方法，主要强调眼部的轮廓感，眉弓与眼尾的凹陷处是重点修饰的地方，对技巧的要求较高。立体晕染的方法可以用各种颜色组合来表现，通过色彩的明暗变化来表现立体结构，加强眼部的立体感。此种画法结构鲜明，效果生动，能较好地调整东方人眼部较平、较肿的眼形特征。

（1）大号眼影刷将浅、亮色涂于眼眶外缘和上眼睑中部。

（2）小号眼影刷将深色眼影呈">"形涂在外眼角眼窝处，勾勒出眼框的形状，产生层次的效果。注意与浅色自然过渡，不要有明显的边界线。

你做得对吗?

错误：修饰黑眼圈当然要用白色眼影盖住。

正确：用明亮眼影色和深色眼线的对比，来让别人忽略黑眼圈。

分析：利用浅的颜色打亮眼窝与眉骨，明亮的颜色薄薄地推匀可以消除眼睛的暗沉，但不要使用珠光感太重的眼影色，会显得浮肿。上下用较粗的深色眼线和黑色浓密睫毛膏来对比，是修饰黑眼圈的彩妆妙法。

私房工具箱

兰蔻 / LANCOME 炫彩眼影膏

芭比布朗 / BOBBI BROWN 星纱眼影膏

安娜苏 / ANNA SUI 眼影膏

美宝莲 / MAYBELLINE　霓彩膏状眼影
娇韵诗 / CLARINS　轻柔绚色眼影霜
巴黎欧莱雅 / L'OREAL　魅力水凝眼影
娇兰 / GUERLAIN　流金眼影膏
兰芝 / LANEIGE　冰妍幻彩眼影

魅力叮咛

让眼影持久的独家诀窍：

1. 眼皮上也要先打上薄薄的粉底，用蜜粉定妆。

2. 确保眼皮完全干燥、无油。

3. 画眼线。

4. 用八九分干的眼影刷，以按压方式上妆。

5. 也可以在之前涂一层同色的眼影膏，再上眼影，然后以略湿润的海绵轻按眼皮，将眼影粉轻压服帖。

这个方法真的很有用，值得一试！

魅力加分心得1：修饰眼形的眼影画法

以往所谓的缺憾，在今天已变成富于个性的美

丽，画眼影可以针对各种眼形进行修饰与强调，单眼皮、双眼皮、内双眼皮等不同的眼睛，都可以使用不同的眼影上妆技巧展现自己的魅力。

1. 小眼睛：迷人

明亮的大眼睛固然美丽，但小眼睛也有其迷人之处。它能给人和善、温柔感。

（1）先应选择与肤色接近、色调较为鲜明的眼影色，会让双眼看起来比较明亮，眼睛也会有放大的效果。

（2）用珠光白色在眼窝处打底，浅紫色涂满1/2眼窝，往眼尾延伸，深紫色用来突显渐层感。

（3）眼线画在睫毛根部，一定要使用比眼影深一系的眼线笔，才能使眼睛看起来乌黑有神。完成眼线后，用棉棒或眼线刷轻轻晕开，使之呈现模糊感，如此，眼部看起来便更显自然，更加迷人。

（4）下眼睑涂上冷色调的眼影，可采用刚刚用过的步骤。注意，眼影要从眼角刷向眼尾，以增大眼睛的轮廓。

（5）夹翘睫毛，将上睫毛涂上双层睫毛膏，以增加睫毛的浓度和密度，使眼部看起来更有立体感。

（6）竖起刷子涂下睫毛，浓黑的下睫毛可使眼

睛增大，轮廓明显。

2. 单眼皮：勾人

单眼皮的女生只要在眼妆上多下点功夫，也能像双眼皮的女生一样会给人亮眼的感觉，拥有截然不同的双眸印象，甚至更具特色，双目会更有勾人的魅力！单色系的化妆颜色较明显，也较适合上班用的日妆，一开始可以选浅咖啡色，熟练以后再尝试其他色彩。

（1）尽量不要选用有彩光效果的眼影，因光亮的效果在没有阴影的衬托下，只会令双眼轮廓变得更平，更缺乏立体感。

（2）闭上眼，用手指在眼皮上感觉一下眼球的凹凸感。

（3）用化妆刷来回刷由眼尾至三分之二的眼头位置，把眼影粉涂在整个半圆的眼球位的眼皮上。着色的范围尽量紧贴眼球位置的弧形。

（4）咖啡色可塑造出凹陷的错觉，让人看后有若隐若现的眼褶皱的感觉，但注意不要着色太深，否则会令人觉得太假。

（5）想令眼球更具立体感，可在弧线与眼线中间的半圆位置涂上较浅色的眼影，如白色或浅紫色。

（6）画眼线时要画得粗且浓，使眼睛显得自然而大。画至眼尾时可使眼线往上翘，这样会有明亮的感觉。

（7）先用睫毛夹夹弯睫毛，再用睫毛膏刷出浓密而长的效果。

3. 内双眼：电人

（1）上眼睑处以大眼影刷将柔和色彩眼影在整个眼窝轻轻刷开打底，刷的速度要轻而快。

（2）然后在双眼皮褶皱处使用具收敛感的色调，并向上微微晕开，要能睁开眼也能看见颜色。

（3）在下眼睑处擦上下眼皮的色彩，使用与上眼睑同色、但更高明度的色彩。从眼尾拉到眼角处细细收手。

（4）用眼线笔从眼角至眼尾的睫毛边缘画上粗线，睁开眼睛要能看得见一点点，但不要超出眼眶的范围。

（5）使用掺有纤维的睫毛膏，将上眼睫毛往上刷，要使睫毛显得干净纤长。

4. 浮肿眼：闪人

浮肿的眼睛尤忌粉红和紫色系列的眼影以及亮光型的液体眼影，眼睛不画已经够肿了，再一不小心就会出现被打肿的效果。用收敛的冷色调搭配白色眼影，加上浓密的黑色睫毛，秘密地掩饰了眼睛的浮肿，呈现大眼效果。

（1）上眼睑选择靠近肤色的浅金色打底，用深邃的冷红色或茶棕色系眼影，在睫毛根部呈带状涂抹，带来微妙的冷暖变化。

（2）同色眼线液，从内眼角开始，向眼尾描画上眼线，注意眼睑中央位置稍加粗，眼尾的线条稍延长。

（3）下眼睑选择稍艳丽的玫瑰红色，从内眼角的2/3处，向眼尾由细到粗地勾勒下眼睑，给眼部增添色彩，运用两种同色调的对比色彩来丰富眼部。

（4）米色珠光眼影或金属银白色眼线笔点在内眼角和下眼睑剩余的1/3处，提亮整个眼部，边缘与肤色融合，使眼部变得立体而层次分明。

（5）眼线比一般的要细一些，给人一种冷静的印象。

（6）夹翘睫毛，选择双头魔力纤维型睫毛膏，为上睫毛涂上双层，以增加睫毛的浓度和密度，使眼部看起来更有立体感。

（7）竖起刷子涂下睫毛，浓黑的下睫毛可使眼睛增大，轮廓明显。

5. 眼镜妹：动人

眼睛被深藏在镜片背后，也可以使用眼影，让你看上去比同龄人稳重、斯文、雅致。

（1）舒展的眉形，根据眼镜的形状呈圆弧形或略向上挑。

（2）在紧贴睫毛根部画出清晰、长长的眼线，因为戴眼镜后眼影很难准确呈现，因此通过加重、加长的眼线，来强调眼部立体感。但戴远视镜的眼线就不要画太粗，否则会很突兀。

（3）眼影在镜片后不容易显色，因此色彩可以稍微浓一些，根据服装的颜色和镜架的颜色，选择同色系不同明度或邻近色系。深紫色、墨绿色及宝石蓝是比较常用的颜色。有很亮光泽感的眼啫喱不适合用在眼镜片后。

（4）过于纤长的睫毛膏会常常碰触眼镜，使眨眼都变得困难，应该选择浓密型睫毛膏加强眼神，为你的双眸添光彩。

魅力叮咛

使用深色眼影化上眼睑，或上下眼睑化不同色的眼妆效果时，难免有余粉落下，让下眼睑或面颊受污。这里告诉大家一个诀窍，不仅可以让眼影的层次美丽，而且还能让下眼睑干净清爽不混色。

1. 先准备一支余粉刷或最大号的眼影刷或粉刷。

2. 在使用深色眼影前，在下眼睑以及面颊上部轻轻扑上一层薄薄的蜜粉。

3. 待化好上眼睑的眼影后，用余粉刷或最大号的眼影刷或粉刷将蜜粉和落在这层蜜粉上的深色眼影粉一同扫去，使下眼睑和面颊保持干净的妆效。

魅力加分心得2：用眼影流露十种美丽情结

1. 清凉情结

以下四步可打理缤纷清凉眼。

（1）在眼窝制造眼影的层次立体感。使用粉黄色眼影在整个眼窝上打底，然后在眼窝边沿用亮黄色眼影再描绘一次，制造外深内浅的层次感，方法简单易学又有立体效果。如果将深浅层次对调，则可以让眼神更有力量。

（2）增强眉眼间的明暗对比。使用同色系的黄色眼影后，在凸出的眉骨打上白色眼影，突出眉骨高度，眼窝相对看起来就深邃些，用亮黄色的金属质感眼影沿下睫毛根部抹过，呼应眼窝的色彩。下眼睑常出现黑眼圈的位置，用白色膏质眼影画出眼头和飘逸的下眼线。

（3）清晰地描绘眼线及睫毛。

（4）从睫毛根部刷上卷翘纤长的防水睫毛膏来提升眼睛的明亮度，从眼头至眼尾稍微往上描画塑造完美眼形。这两个步骤可以让所有色彩跳出来，即使是这样淡得若有若无的眼影，眼睛也会很有神。

2. 清新情结

清新的眼影画法适合在生活中运用。选择色泽清爽的浅淡色眼影是关键，因为重点是清新，浓重的眼影会破坏清新感。

（1）银白色眼影用做高光在眉骨以及眼头晕开。

（2）淡紫色眼影用平涂手法铺在眼窝。

（3）用紫色眼线勾勒眼形，突出眼部的亮丽感。

（4）不需要太多使用睫毛膏，只需轻轻一刷即可。

（5）淡粉色唇膏陪衬淡紫色眼影，色彩重点在眼影，其次是唇妆，清新淡雅。

3. 妩媚情结

薰衣草的紫和玫瑰的粉红相搭配，可以带来妩媚的风情。

（1）珠光白眼影在眼窝打底，提升眼窝亮度。从眼头刷向眼尾，中央可以刷重一点，以展现层次感。

（2）薰衣草紫色眼影涂在双眼皮褶皱位置，从眼尾往前涂到眼头，跟眼睛一样的长度就可以了。利用眼尾颜色比较浓、眼头颜色较浅的感觉塑造清爽印象，重复涂上几次让颜色更饱和一点。

（3）从下眼头起2/3处向眼头、在下睫毛根部位置涂上白色眼影，可以使眼白看起来更澄净透亮，眼神也会变得清纯！

（4）浅玫瑰粉色眼影涂在下眼尾，从后方往前画到刚刚和白色相接的地方，长度大约1/3就可以了，也同样以后面颜色重、越往前越淡的感觉比较好。

（5）用纤维型纤长睫毛膏打造睫毛根根分明的清新效果。

4. 柔美情结

柔美、纯净的粉紫眼影和自然色调的腮红，渗透出简单无忧、轻松慵懒的生活状态。亮泽纯美的肉粉色双唇自然而然地带出快乐的情绪，上扬的唇角一目了然地勾勒出专属于女人的曼妙风情。

（1）柔和的粉紫眼影用渐层晕染法涂满整个眼窝。

（2）靠近睫毛根部涂抹深紫色眼影，眼尾线可适当拉长。

（3）淡紫色眼影在下眼睑由眼尾向内眼角涂抹，由粗至细，到2/3处停止。

（4）夹翘睫毛，刷上纤长睫毛膏。

（5）大号腮红刷在颧骨位置大面积扫上淡粉红腮红。

（6）涂上润泽的粉棕红唇彩。

5. 甜美情结

甜美妆效的要诀是白皙清透的肤色，再选择嫩粉色珠光感眼影、鲜艳欲滴的新鲜莓果唇和大面积的犹如从肌肤内透出的粉嫩腮。

（1）选择浅于肤色一号的透薄粉底，粉色系妆容需要较白皙的皮肤衬托。

（2）用无色护唇膏后，在嘴唇上扑一层粉底，可以有效淡化唇色。

（3）膏状淡粉色腮红以画圆方式涂在两颊最高处，再上蜜粉定妆，妆色更持久。

（4）用深玫瑰红眼线笔紧贴上睫毛根部描绘眼线，在眼尾部微微上挑，有俏皮的感觉。

（5）带有珠光效果的淡粉色眼影向上晕染涂抹在整个眼窝。

（6）茜粉红色涂在双眼皮皱褶处。

（7）白色彩妆粉点涂在双眼眼头。

（8）涂抹嫩粉红色唇妆。

（9）淡粉色粉质珠光腮红提亮，增加甜美感。

6. 活泼情结

单眼皮一般最好使用冷色调的颜色，但再遇上小眼睛时，也可以试着使用橙色来达到活泼可爱的妆效。

（1）整个上眼眶都抹上珍珠原色眼影，突出立体感的同时，还要给人以眼皮较大的印象。

（2）橙色眼影涂抹整个眼窝，可以使上眼皮的中央看起来更有立体感，也不会再给人以眼睛肿胀的印象。

（3）用和橙色适配的珍珠绿眼线笔画出上眼皮的边缘线，再用棉棒修匀，如果再进一步用眼线液从上面再描一次的话，轮廓分明、突出的线条效果会使眼神更具魅力。

（4）下睫毛的外侧用珍珠绿眼线笔把眼线描粗一点，总体上再加重一些，呈现出自然的光泽，眼神也会变得明亮。

（5）夹翘睫毛，涂黑色睫毛膏，下睫毛外侧尤其要多涂一些，以保持眼睛的宽度。

（6）内眼角处点上白色小点，突出眼睛的宽度，与眼白交相辉映，看起来非常漂亮。

7. 浪漫情结

想画上一个浪漫的妆容，正确选择眼影色彩非常重要，如海洋般清新的蓝，创造出强烈的视觉冲击，带来浪漫的遐想。除了蓝色，紫色也是相当容易制造浪漫感的颜色。

（1）珍珠与粉红亮泽的梦幻肤色，完美调和色彩如同夏日黄昏的甜蜜清新。

（2）在眼睑上，过渡自然的蓝色眼影描画出天空一样深邃的小烟熏眼妆。

（3）仿佛刚刚被烈日吻过的绯红双颊。

（4）玫瑰色的双唇如花朵般柔润绽放，传递出充满专属于海岸的浪漫与感性。

8. 魅酷情结

酷女郎一直走在时尚的前端，具有冷艳气质的人非常适合这样深邃的欧式眼妆。这样的妆效在party中也非常合适。

（1）以金色为主色调，从内到外将眼窝涂满。

（2）橘色眼影在眼窝和眼尾的位置呈">"形勾画，营造深邃动人的效果。

（3）下眼睑上也刷上同样的金色。

（4）晕染水溶性黑色眼线粉勾上眼线，将眼线贴着睫毛根重重勾勒，中央与外眼角可以画宽一点，内眼角要细，这样眼睛大而有神。

（5）暗绿色眼影勾下眼线。

（6）从内眼角到外眼角，从下而上，刷至少2次睫毛。

（7）豆沙橙色唇膏画出有角度的唇形，同色系的眼影配合同色系的眼妆非常漂亮协调。再用闪亮的唇彩将唇涂饱满、有光彩。

9. 优雅情结

在眼部找到清晰的轮廓，并勾勒出来，再用似有似无的轻柔色调烘托出女人味，眼神中就会散发出优雅知性的光彩。

（1）选接近眼球颜色的眼线液，描画一条细细的纤长眼线，凝敛眼部神采。

（2）将浅褐色与粉紫色糅合，从眼梢开始向内，用刷子的宽面接触眼睑，在接近眼线处稍晕开。把握眼梢最浓，逐渐向前、向上过渡到无的原则。

（3）眉骨、内眼角、颧骨以上铺上淡金色高光。

（4）涂上柔美的珊瑚色胭脂，轻薄的质感保留了脸颊的清新和雅致。

（5）酒红色的双唇传递优雅的高贵气质，配以一丝不乱的光滑发丝，传递出精致、讲究的生活品位。

10. 绚丽情结

采用带有神秘色彩的金色，与黄昏晚霞般的橙红色熏染出变幻莫测的激情。精致而且浓重的眼线令双眼更加明亮。宛如糅入珍珠粉的麦棕色肌肤在夜色中光亮泽动人，带来艺术气息浓厚的绮丽妆容，这是适合出席正式晚宴场合的妆效。

（1）以金焰色调眼影涂于整个眼盖。

（2）橙红色眼影在眼皮褶皱内晕染开。

（3）于眼角及下眼睑位置涂上白色彩妆粉，能加强眼部轮廓。

（4）将缀以闪片的假睫毛贴上，即可为眼妆添加视觉上的美感。

（5）大腮红刷将金焰色调眼影扫在颧骨上做底，再以打圈方式将胭脂均匀地扫在颧骨中央位置，令涂抹出来的色彩更显自然。

（6）涂上砖红调子的唇膏，塑造出柔美而丰盈的红唇。

魅力叮咛

眼影颜色的选择：

1. 选择与肌肤相宜的棕色系眼影。

2. 在眼周用深色的眼影，眉下用较浅的颜色。如果熟练了则可以根据不同场合尝试更多的色彩。

3. 一般来说，单眼皮的人较适合冷色系眼影。

4. 肤色偏黄的避免选用紫色、黄绿色、暗蓝色等颜色。

5. 肤色黯淡的人避免使用有浑浊感

的颜色。

6. 如果想尝试多色混搭，而又不是非常有技巧，选择一个四色或五色搭配的眼影盘比较好。通常眼影盘都是品牌化妆师由经验和灵感搭配而来的，不会出错，而且巧妙掩饰缺点，展现优势。

Q&A

Q：有严重的黑眼圈，肤色略带杏黄色，用什么眼影好一些？

A：黑眼圈最好是先用粉底和遮瑕膏，用黑色的眼线笔画出稍粗的眼线，明亮的眼影修饰上眼皮，这样眼睛上部更有神。另外一定不要忘了睫毛膏，浓密的睫毛会让人忽略黑眼圈。

Q：我戴眼镜可否上眼影？我的眼镜是深蓝色稍粗的框，肤色比较白，可以的话应该上什么颜色比较好？

A：如果可以接受紫色，先用浅粉红色做底，再上紫色在眼前方，加上深色眼线（深紫或深棕色）。如果不接受紫色，可以用绿色，底色用浅黄色或浅蓝色。

Q：刚刚接触化妆，双眼皮，眼睛较大，皮肤比较白，请问适合什么颜色的眼影？不要太夸张，看起来要比较文静、乖巧、可爱、柔和。

A：刚开始只需要拥有2~3款眼妆颜色就行了，一个蓝色眼影和一个粉玫瑰红色眼影是白皙肌肤比较经常用到的颜色。另外再配一个白色珠光的眼影，对于调和色彩明度、打轮廓和眼眶高光的立体效果，白色是非常实用的。

Q：皮肤偏黄，眼睛不很大，有点小内双，用什么颜色的眼影比较合适？

A：咖啡色、湖蓝都可以。从睫毛根部开始逐渐向上过渡晕染，小内双里打深一些，逐渐向外变浅，范围到睁开眼睛可以看见一点颜色即可。如果条件允许，可在内双根部、贴近睫毛的位置画更深的同色眼线，再刷黑色睫毛膏效果会更好。

Q：皮肤偏黄用什么颜色的眼影比较合适？

A：咖啡色、宝石蓝都可以。从睫毛根部开始逐渐向上过渡晕染，不能忽略眼线和睫毛的部分，这样眼部才会更有神采和魅力。

Q：怎样才能用好双色眼影？

A：双色眼影可以有三种比较简单的使用方法。一是单色深浅的变化，如浅蓝和深蓝。先浅后深，上浅下深或前浅后深。二是邻近色的变化，如蓝色和紫色。可以上下及前后变化。三是对比色的变化，最好是上下眼睑和前后的变化，最好不要混用，以免色彩浑浊。

Q：下眼睑需要画眼影吗？

A：简妆可以不用，稍正式的场合或需要上下协调、增加层次感的眼妆多需要在下眼睑贴睫毛根部画眼影。

Q：单眼皮，眼睛又很细长，怎样使自己的眼睛看起来大一些？

A：这样的眼睛很有中国味，"小烟熏"几乎可以说是为这样的单眼皮女孩量身定做的。可用绿色、蓝色等眼影抹在上眼窝及下眼线位置作为显色，再以较深色的眼影抹在眼尾靠近睫毛根部，然后稍向外晕染。用眼线笔紧贴上下睫毛根部画一条眼线，用棉棒稍微晕开，再配上黑色的睫毛膏，眼尾处加浓密些，就很漂亮。

Q：单眼皮，眼皮还有点肿，怎样画？

A：尽量选择不含亮粉的眼影，将较深色的眼影抹在睫毛根部处，然后稍向外上方晕染，同时紧贴睫毛根部描上眼线，再配上睫毛膏，这样的眼妆既干净又有神。也可以刻意强调眼线，在以上步骤后，加上下眼线，在尾部微微向上挑，最后刷上黑色的睫毛膏，眼尾处的睫毛可多刷几次。

私房工具箱

植村秀单色眼影

魅力主张6：口红代表你的心境

双唇会因口红而立即变得娇媚明艳，憔悴的脸会因口红立时容光焕发……而实际上，口红的运用也同样能泄露女人内心的秘密。可以说，口红是女人脸上又一种无声的语言标志，口红的精致好坏直接反映着女人们的生活水准和态度。女人追逐着口红代表的欲望，涂抹口红，使之成为点缀心境的外衣。

下面，我们就开始魅力行动，用三种方法点染曼妙娇唇。

色变浅，使随后的唇蜜颜色更纯正。

私房工具箱

妮维雅修护唇膏
羽西维他命E润唇膏
欧莱雅凝养护唇膏　雅漾润唇膏
LANCOME　葡萄多酚护唇蜜

方法1　唇线+唇刷+唇膏（唇彩）

这是比较传统的方法。唇形不够明显或不够好的，选用这种方法比较适合。唇彩涂满双唇很容易外渗，弥补的方法是用柔软滋润的自然色唇线笔勾勒唇形，使唇线看起来不明显，又能令唇妆显得精致，同时能锁住唇彩不外渗。

初学者的"六点法"——

（1）先在上唇唇峰两个隆起部位点上两个点。

（2）在下唇的1/3和2/3处点上两个点。

（3）再将嘴巴张大成"O"形，在两边嘴角上点上两个点。如果是樱桃小嘴，就点在唇角的外缘，如果是较大的嘴，就点在唇角的内缘。

（4）最后，从嘴唇中央向嘴角方向连接成线，

准备工作

（1）若嘴唇干燥，在做好清洁润肤工作后，先给唇部涂上一层润唇膏（量不要太大），再开始做粉底、眼妆等其他工作，等你开始化唇妆时，润唇膏已经都被吸收了，不会导致唇膏涂抹不均匀，还能保证双唇水润饱满一整天。

（2）嘴唇颜色深或唇形不好的，化唇妆前，先薄薄涂上一层粉底或遮瑕膏，遮盖掉唇形，也令唇

勾画出唇形，曲线应呈平滑的圆弧形。

勾唇线时，小拇指可以抵住下巴，以免手抖动，造成唇线出界。

在唇上上一点粉底或遮瑕膏，可以使口红更易推匀，同时还能平滑唇纹。

在勾画唇线时，建议尽量选用接近唇膏的颜色，如果颜色相差太远，会有一种不自然的感觉。

雅诗兰黛　专业两用唇彩创艺笔
M.A.C　造型唇线笔

描完唇线后，可以用唇刷饱蘸唇膏将唇线内的嘴唇涂满，使唇线的痕迹与唇膏融为一体。也可以用管状唇膏直接涂，使唇线的痕迹与口红融为一体。

用唇刷刷上唇彩，先涂上嘴唇，由嘴唇的两边往唇中刷，刷完后再依同样的方法涂下唇。涂唇缘时，线条要清晰，上唇唇峰和下唇中间可以多刷两次。

涂完唇膏后，不要去抵上下唇，以免弄花唇线或使色彩斑驳不均匀。对着镜子用各种不同表情，上下左右再确定一次是否完美。

要想增加双唇的光泽和立体感，可以在涂过一般口红后，再涂用珠光或水晶璀璨唇彩来使自己的嘴唇更加光泽、丰润。

需要涂用两种以上色彩的唇膏，原则是上唇比下唇色彩深一些，唇周较唇中部深一些。

你做得对吗？

错误：使用唇彩一定要画唇线。

正确：根据想要的妆效来决定要不要唇线。

分析：的确，唇线可以使妆效不持久的唇彩不外渗，但一直以来唇线的身影在潮流中都是若隐若现的，不是必备的妆品。不但唇膏可以直接使用口红刷，管状唇膏可以直接在唇上勾出理想的轮廓线，而且唇彩也可直接使用附带的唇棒和手指涂抹在双唇上，不需要强调唇线。

方法2 直接涂抹

浅色的唇膏比深色唇膏难上色，不妨直接使用唇膏涂抹。具有油亮滋润效果的口红，只需按照唇的形状涂抹，瞬间就可拥有迷人美唇了。而水亮亮的唇妆是时下的最in，所以只要在唇膏或直接在护唇膏之后扫上唇彩，立刻就能有光润的妆效。

使用管状唇膏，从上唇唇峰着手，利用管状唇膏的斜面，直接勾画出左右圆润的唇峰线和下唇唇底，然后微微张开嘴，利用斜面边缘勾画嘴角。

使用牙膏式唇彩，可以点在唇中央，然后利用唇彩管口向左右延展开。

使用小盒子装唇膏和唇彩，则最好使用唇刷。

私房工具箱

兰蔻果汁唇彩
薇姿亮颜活力润彩唇蜜

魅力叮咛

唇色过红过深都影响彩妆的色彩还原，尤其是质地轻薄的唇蜜和近年非常流行的超浅色泽唇膏。而有的人天生嘴唇颜色偏紫、偏褐，很难找到适合自己的唇彩，尤其是浅色系的更不敢尝试。用绿色的调肤粉底结合透明蜜粉是削弱嘴唇红色的好方法。

1. 绿色粉底拍打在唇部。
2. 用粉扑将散粉扑在双唇上，遮盖效果真实自然。
3. 涂抹贴近肤色的肉色或浅橘色唇蜜或唇膏，不露痕迹地展现冷酷魅力。

方法3 用手指涂抹

将唇膏涂在手指上，然后再轻轻地拍在嘴唇上面，这样让唇膏的色泽看起来更加均匀，还能营造出一种自然、柔软、性感的质感和光泽。

直接用手指蘸取唇彩点在唇上。

魅力叮咛

担心自己唇形不够优美饱满的你，可以用外深内浅的涂法，深色勾勒轮廓，浅色填充。深浅两种唇色之间，一定要用唇刷刷匀，否则界限过于分明就太不自然了。当不用或没有唇刷时，无法直接将深浅不同的口红混合在一起，先浅后深的涂法能免除深色压过浅色的"后患"。

魅力加分心得1：唇形问题解决方案

1. 特薄唇

忌将嘴画大，一定要先用肉色的唇笔勾勒出清晰的唇线，再选一只亮色调唇膏，涂点透明唇彩，暖调子橘黄色、粉红色，让你唇形显得丰满。也可以选用饱和度较高、但色彩不要太深的唇膏，再用水亮的唇彩涂满双唇；也可以直接用显色的唇彩或唇釉描画双唇，看起来，嘴唇就会饱满许多，又不会显得"欲盖弥彰"。

2. 扁平唇

扁平的唇缺乏立体感，没有唇峰的嘴唇，容易给人一种冷漠的感觉。可以先用唇笔勾画、修饰内唇，让它呈现自然的形状，再用透亮的唇彩在中间部位涂抹。

3. 特大唇

最重要的就是避免夸张，应选择棕色或玫瑰色的唇线笔，细心地描出精致的轮廓，使用咖啡红或玫瑰棕等深色的唇膏进行点缀，记住千万不要用太鲜艳的颜色，以免突出过大的唇形，引人注目。

4. 丰满唇

唇形较为丰满，性感十足，忌化厚重的唇妆，要选择即使色泽很浓郁，也会显得薄而透明的唇膏。如果要加强水润感，注意只需在双唇的中央点上唇彩即可。最好用中性颜色如粉红或肉色来勾勒唇线，用透明、酒红或棕色的唇彩，红色唇膏，或巧克力色唇膏加以修饰，让唇峰的"V"形充分体现，将会更生动地展示女性魅力。

5. 小巧唇

不用刻意地加以修饰，只要用一些充满珠光亮彩的质感唇膏，就会漂亮迷人。珠光亮彩之类的特殊质感口红，不要在涂上双唇之前就与一般口红混合，这样会削弱它们特殊的视觉效果，建议用先"一般"后"特殊"的涂法，会更有层次感。

6. 突出唇

画轮廓线时，唇角略向外延，嘴唇中部的上下轮廓线都尽量画直，收敛过于突出的感觉，唇膏宜选用偏冷色。

7. 平直唇

勾画上唇线时，描画出明显的唇峰，下唇画成船底形或圆润形，唇线的颜色要略深于唇膏色。

魅力加分心得2：脸形VS唇形

脸形天生完美的人很少，总有些不足，化妆完全可以帮助你解决掉问题，而且只要记住唇形和眉形的修饰要诀就可以有很大改观。

1. 三角形脸

上唇峰稍加描高加宽嘴角，下唇在唇中央处加宽些。

2. 方形脸

唇形忌描大，以免突显额角的宽广，下唇只需稍加丰满且略带角度即可。

3. 圆形脸

将上唇峰稍描高且带角度，嘴角可加宽，使唇形成宽且狭长的轮廓。

4. 长形脸

上唇峰描低，唇形丰满些。

5. 菱形脸

唇峰分开些，约在鼻孔下方，上唇峰弧度平缓且唇色淡些，下唇描成船底形稍丰满些，且唇色较上唇深些。

6. 倒三角形脸

上唇峰稍带尖且薄，嘴角稍抬高，下唇则描出明显船底形，将下颚线的美衬托出来。

魅力加分心得3：让唇妆更持久的实用技巧

（1）选择持久口红或粉质口红，可以掩饰多余的油脂，色泽效果持久完美。不过最好是选用较为滋润的产品，因为这种唇膏会让人感觉比较干涩。

（2）上底妆的时候，就将粉底或遮瑕膏涂在唇部，再涂上口红就能让唇妆更持久。

（3）画唇彩时，先用相同颜色唇线笔勾画出唇形，能让效果更持久。

（4）用专门的定唇液，在画完唇彩后，蘸上定唇液涂唇部。

（5）涂上口红后，用一层薄纸巾盖在唇上，吸去浮色，再重复涂抹口红，加强持久效果，即使是普通口红也见效。

（6）使用唇膏在双唇上色后，将薄面纸轻轻覆盖在双唇上，再用粉扑或粉刷蘸取少许蜜粉，轻刷面纸所覆盖的唇部，然后轻揭起面纸，唇色就会更鲜明持久。

魅力加分心得4：用唇膏讲述的5个蜜语

1. 时尚裸唇

近年流行的裸唇不是说完全不上色的天然唇色，而是指自然得接近无色的唇。这样的唇妆最能突出双唇的自然质感。

（1）唇色比较浅的，只需要用一只略带闪亮效果的滋润型裸色唇膏在双唇上轻轻抹上一层，这样不但可以营造出淡淡的闪亮效果，还能透过唇膏看到嘴唇质地，感觉非常性感。

（2）唇色很深，则需要先用和肤色相近的遮瑕膏均匀涂抹在双唇上，然后再使用浅色唇膏就可以了。最后再加上一层淡淡的亮油就更性感了。

（3）要让裸唇看起来丰满性感，可以在上完唇膏之后，顺着唇线涂上一层高光唇油，然后再在下唇中央点上一点。

（4）配合裸唇妆，底妆一定要干净透明，尽显好肤质。眼妆可以是两个极端，一个与裸唇相配合的接近无色的眼妆，只用黑色眼线或黑色睫毛膏强调眼神，米色或驼色液体眼影带来光泽感就行，另

一眼妆则可以是艳丽出众、美丽夺目的。

虽然是接近无色，但这些裸色唇膏还是分了好几个色系，大体分为：偏粉的、偏橘色和偏肉色的。一般说来偏粉的裸色唇膏适合面部肤色白皙的女性，偏橘色的裸色唇膏则能让肤色偏深的女性看起来气色更好。偏肉色的唇膏既可以用来打底，也可以单独使用，打造出最最自然的双唇。

私房工具箱

粉色、橘色裸色唇膏：
ESTEE LAUDER　靓彩丰润唇膏707号色
M.A.C　显色丰润唇膏 03号色
DIOR　魅惑唇膏534号色

原色裸色唇膏：
SHU UEMURA　甜蜜光唇膏922号色
BOBBI BROWN　悦虹唇膏 4号色
LANCOME　玫瑰柔润唇膏 268号色
CHANEL　水之吻唇膏 37号色

2. 性感撅唇

嘟起来像是在撒娇的性感撅唇，不通过手术也能办到。重点是利用唇彩的光影作用。

（1）用哑光唇膏为双唇均匀上色。

（2）以遮瑕刷蘸遮瑕膏轻轻勾勒唇角两侧及下唇两侧外围，再用无名指肚轻拍，使之与肤色融合来加强嘴唇轮廓。

（3）于下唇中央重复加强唇膏上色，突显唇部的饱满部位。

（4）最后将明亮的唇彩刷于下唇中央，就能创造出亲吻般的性感撅唇。

3. 复古红唇

任时空变换，红色唇膏一直是女性至美的表达，在每一年的秋冬都显露出夺目的色彩。时尚的复古红唇配合纯净的底妆和个性眼妆，突出强烈的个性和高贵的气质。这种带着浓浓怀旧气息的嘴唇需要搭配精心描画的唇线，并且用唇刷仔细着色。

（1）在唇部涂一层润唇膏，让唇部更滋润饱满，画出的唇妆也更丰满。如果润唇膏比较油，最好用面纸吸去多余的油分，或等润唇膏吸收之后再涂唇膏，要不然很难把颜色涂均匀。

（2）用浅色粉底提亮肤色，白皙的肤色和纯净的肤质可以突出高贵的气质，同时盖住原有唇色。

（3）唇部是整个妆容的重点，眼妆就不要太夸张。在睫毛根部描绘清晰的黑色眼线，并涂上黑色睫毛膏。

（4）勾画出清晰唇线，红唇线修改不易，须仔细勾画，一步到位。

（5）用唇刷或棉棒柔化唇线。

（6）使用唇刷沿唇部边缘向唇中央均匀涂抹唇膏。看潮流所向，加或不加唇彩，以制造哑光质地或宝石般闪亮的唇。

私房工具箱

安娜苏　奢华霓彩限量唇彩盘
赫莲娜　wanted唇膏
欧莱雅　纷泽滋润唇膏
M.A.C　柔感哑光唇膏

4. 粉嫩唇妆

在把唇色还原的裸唇的基础上，加几笔粉嫩的颜色，既具有时尚感，又可绽放娇俏甜美、丰润性感的双唇，清新粉嫩且具女人味。

（1）遮瑕膏打底。

要达到粉嫩的唇妆效果也要用粉底和遮瑕膏进行打底工作，用遮瑕膏调整唇形，用粉底淡化原有的唇色，使得接下来使用的粉色唇膏的粉嫩度增强。

（2）涂抹润唇膏。

粉嫩唇的天敌是干燥，所以对唇部的保湿工作一定要做足。先用润唇膏打底，可防止唇部肌肤干燥，持久滋润修护，令双唇展现自然光泽。

（3）刷唇膏。

是由唇角向中央涂抹，在使用唇膏时最好使用唇刷，因为这样会让唇部妆容更均匀。

（4）点唇彩。

唇彩是粉嫩唇达到增强光泽的重要一步，在反复涂抹唇彩的同时要注意保持唇部整体色彩的均匀性。

私房工具箱

KOSE　晶灿滟泽唇膏
SHU UEMURA　甜果亮唇蜜
SHISEIDO　心机闪炫/傲慢唇膏
ANNA SUi　朝露蔷薇唇膏/光璨蔷薇唇膏

5. 花瓣唇妆

仿若花瓣层层叠起的唇妆有着丰富的层次和色泽变化，是众人注目的焦点。

（1）以质地柔软的哑光肤棕色唇膏打底，盖原有的唇色。柔和中性的色调，让它成为所有人都适合的基础选择。

（2）沿着自己原有的唇线，用透明唇彩薄薄涂抹一圈，增加嘴唇外围的亮度。同时具有可以让鲜艳的红色过渡到自然的肤棕色晕染效果的基础。

（3）用无名指蘸取足够量的红色唇膏，由唇部中央开始，逐渐向两侧和向外点压，一层盖一层，让上下唇保持点染出的多层花瓣式样，注意不要抿嘴唇。

Q&A

Q: 感觉用了唇膏嘴唇很干，不用就不干，有什么解决之道啊？

A: 选择唇膏时要选择含有维生素E成分，具有滋润效果的口红。改掉经常舔唇的习惯，同时还要多喝水为双唇提供足够的水分。定期为唇部去掉老化的死皮，加速新陈代谢，使双唇更滋润更健康。涂口红前先涂一层润唇膏很有必要，既能保护嘴唇，避免涂口红造成的嘴唇干裂，又易于卸妆，而且还可使口红的颜色显得更漂亮。

Q：很喜欢红唇的感觉，可是不知道是否适合我，每个人都可以使用红唇妆吗？

A：不是每个人都适合艳丽的红唇妆，若唇形不够完美，不要轻易尝试红唇妆。另外，年龄和气质压不住艳丽红色的人也不要尝试红唇妆，否则，不但不能增色，还会让人看起来憔悴和俗气。

Q：秋冬天嘴唇已经干裂开口了，还能搽口红吗？

A：情况严重的，最好停用几天，用润唇膏和唇膜修护后再使用。情况不太严重的，可以提前使用润唇膏，再用牙刷侧面横着磨蹭嘴唇，可轻微去掉死皮，最后用唇刷上唇膏。唇刷的细小刷毛可以解决唇本身的纹路、干裂的细缝等问题。

Q：因为不经常用唇膏，所以一支唇膏用很久，过了期限的唇膏可以用吗？

A：不可以，虽然唇膏的外观看似没有改变，实际上性状都改变了，容易引起唇疹或色素沉淀等问题。像唇膏这样需要直接接触嘴唇的妆品还是在保质期内用完为好。

Q：不喜欢油亮亮的唇，也不喜欢哑光唇膏的干燥，有什么技巧吗？

A：可以挑选滋润不油亮的唇膏，或者在画完唇后，用一层面纸覆在唇上，再用粉扑或粉刷扫过一层蜜粉，拿走面纸即不油亮了。

Q：喜欢唇膏广告女郎那些鲜艳欲滴的唇妆效果，可是在生活中这样化妆合适吗？

A：广告里的唇妆有灯光、服装、整体妆容造型的配合，所以看起来明艳照人，而生活中的你不可能时时处在那样的条件下，看起来不合适也是正常的。在生活中，用较为自然一点的口红颜色，不但流行，而且让人觉得舒服。过于鲜明、亮丽的色彩，一般人还是不能接受，所以，生活中还是尽量选择和自己唇色接近的颜色，或是自然的颜色。

Q：涂过润唇膏后再涂唇膏或唇彩都很容易被"吃掉"，有什么办法可以解决吗？

A：时间紧，可以在润唇膏上压一层粉底或遮瑕膏后再上唇膏唇彩。有宽裕时间化妆的话，可以在润肤后就涂上润唇膏，然后等到完成其他化妆步骤后，润唇膏已经被吸收了，再上唇膏唇彩。

Q: 什么样的唇膏适合生活淡妆?

A: 以清新自然为主题的生活淡妆,在唇色的运用上,突出一些清新柔和的色彩,如橙红色、桃红色、玫瑰色等,想增添光泽效果,就要善于利用唇彩,淡淡即可,不能太浓烈。

Q：刚刚开始学习化妆,第一支唇膏应该买什么样的呢?

A：初学者面对众多的口红色彩和种类拿不定主意的时候,只需要考虑最适合的两支:自然唇色和略深的颜色。无论去哪种场合,这两支口红都能调配出适合的色彩。

私房工具箱

蓝金唇膏红色

魅力主张7：
顷刻让你的嘴角上扬

还记得简笔画中的人脸吗？通过眉毛和嘴唇向上翘起或下垂的线条,就可以表达出喜怒哀乐种种情绪,而笑脸上都有着上扬的嘴角线条。其实,最具人气的妆容就是微微上扬的嘴角,很多人都认为使脸庞美丽的最重要的部分是眼睛,实际上,大多数人的视线都集中在唇部,并由此判断对方是否美貌、性格如何、年龄多少。而一张嘴角上翘的嘴会使你脸上增加一份亲切的笑意。如果经常使唇角上扬，自然会给人留下美丽的印象。

下面我们就开始魅力行动，用25秒画出迷人笑唇。

12秒！勾唇线

勾唇线分六个步骤，是塑造迷人笑唇的关键，一个也不能少。

（1）勾出微微起伏的上唇唇峰。稍稍在自己轮廓的外部描画，这样就可以柔化线条，使上唇曲线像花瓣一样。从唇峰向唇角勾描即可。

（2）勾出下唇唇底。在画出上唇的整个唇线前，要先描出下唇的唇底，确定嘴唇的厚度。在勾勒唇底时，要稍稍在自己唇部轮廓的外侧勾描。

（3）勾出完整的下唇线。从唇角内侧开始，在自己唇部内轮廓线，连接下唇唇角和已经画好的唇底，这是一条较陡的唇线，一定要勾勒清晰利落的线条。

（4）勾出完整的上唇线。从唇角内侧稍高点的位置，向已画好的唇峰勾出平滑微弯的唇线。

（5）将唇线画到上下唇唇角连接处。微微张开双唇，用唇线笔描绘上下唇唇角连接处。

（6）模糊唇线效果以增加立体感。唇线太清晰会破坏唇部的自然效果，为此，要用同一支唇线笔将画好的唇线向轮廓内侧晕开。

你做得对吗？

错误：反正是要调整唇部的轮廓，那么选用深色的唇线笔勾出明显的线条一定没错的。

正确：用粉底或遮瑕膏薄涂，先隐去原有不上扬的唇部轮廓，再选用和自己唇色相似颜色的唇线笔勾出想要的上扬唇线。

分析：沿着唇缘勾一圈明显的唇线是既不自然也过时的做法，同自己唇色相似的唇线就是透明的唇彩也显不出来，但有了唇线，即使是流动性较强的唇蜜也不容易晕开。相似的颜色，使得唇线总是和嘴唇融为一体，仅仅是涂点淡淡的唇彩也会很漂亮，更是和任何颜色的口红都搭配。

6秒！涂抹口红

画好唇线后，自唇部中央开始，在唇线内用唇刷将口红均匀地涂抹于唇部，容易得到比较立体的视觉效果。

你做得对吗？

错误：按照自身的唇线描画，没有起伏。

正确：嘴角微微上扬的笑唇形状就像菱角，唇峰和唇角之间沿轮廓线左右一点描画出凹陷的弧度才是正确的做法。

分析：微妙的勾勒法会产生非常大的印象反差。如果只按照自身的唇线描画，没有起伏，就算将唇线画得再直，也会造成些许凄凉的印象。

魅力叮咛

不是每个人都有自然微微上扬的嘴角，但绝大多数的唇都可以通过掩盖自己的唇部轮廓，小范围地调整自己的唇部轮廓。

1. 唇色较淡者，可以在上粉底时，使用粉底直接遮盖。

2. 唇色较深或嘴角下垂者，则可以在上粉底后，选择有遮盖效果的专用唇底液，用刷头间断地将遮盖液点在自己的唇部轮廓上，然后用干净的手指涂匀，以掩盖住本身的轮廓为宜。

私房工具箱

茵芙纱 / IPSA　唇型描绘笔芯
安娜苏 / ANNA SUI　魔彩唇线笔
美宝莲 / MAYBELLINE　专美唇线笔
植村秀 / SHU UEMURA　自动唇线笔
羽西 / YUE-SAI　唇线笔

2秒！将唇刷深入唇角涂抹

微张双唇，在唇角涂抹口红直到色泽均匀为止。为了防止口红涂抹不匀，要张开双唇。

3秒！将明亮的唇彩点在唇部中央，体现立体感

使唇部中央丰润、具有立体感是上扬嘴角的制造条件之一。没有立体感的唇部化妆会使人感到唇角下垂，相反，唇部中央柔软而充满光泽，会使唇角充满朝气。

尽管现今的口红都会产生立体效果,但通过化妆技巧使唇部中央柔软光亮非常重要。可以在唇部中央点涂色泽明亮或带有亮光效果的唇彩等,使光集中在唇部中央,体现立体感。

向上扬的唇角其实是最重要的步骤。如果不这样处理,会显得唇角轮廓模糊,在说话时,也会给人造成上下唇突然断开的印象。

私房工具箱

伊莉莎白-雅顿　八小时晶透润色唇膏
倩碧　丝滑恒润唇膏

2秒!
用化妆刷修补边缘

最后,用化妆刷将定妆粉轻轻扑在嘴角边缘即可。

你做得对吗?

错误:反正唇角也看不见,画不画没有关系。

正确:画唇角时,可以用舌头抵住上唇唇角并在内侧描画会比较方便点。一定要确定唇角处是否画好,所以勾完以后,一定要张口检查。

分析:首先,画唇线别忽略掉两边唇角。不管唇线的效果有多好,要画出完美的笑唇,勾出

魅力叮咛

在进行唇部化妆前一定要先削尖唇线笔的笔尖。如果是软芯的唇线笔,可以将笔头的侧面在干净的薄纸上擦磨,直到出现笔锋为止。另外,还可以将新买回来的唇线笔放进冰箱的冷藏室,1小时后拿出来再削,你会发现这样会比较容易削尖。

魅力主张8：
腮红表达
潜藏的欲望

仿若无心扫上的腮红，使得脸上有一层犹如害羞似的淡淡的自然红色，那一晕绯红的颜色，衬托娇艳如花的容颜。腮红，其实表达着潜藏在女人内心深处的欲望。

市面上的腮红有凝胶状、膏霜状、粉状及液状、慕司状等种类，但是，最广泛使用的还是粉状刷式的腮红。

下面，我们就开始魅力行动，分五步搞定完美腮红。

第一步　蘸取腮红

用腮红刷蘸取腮红后，在手背上轻轻抖掉多余色粉，避免上色过重、妆面不自然。

你做得对吗？

错误：浓浓地蘸取腮红，厚厚地涂。

正确：用粉刷调匀所选择的颜色，然后在手背上调节其色泽，抖掉多余的粉后，才往脸上刷，宁缺勿多，多次反复进行，才能表现自然。

分析：刷腮红别一次过多。不管腮红的效果有多好，要刷出由内而外的自然红晕，腮红的用量其实是最为关键的要点。腮红涂得不够重，不会对妆容造成很大的影响，但如果涂得多，与脸部妆彩不协调，就会完全破坏整个彩妆效果。

第二步 定位

刷腮红的整体形状是以颧骨为中心，不要超过鼻尖。刷在两颊的腮红可使脸部显得高扬，有生气，但刷于鼻尖以下部位，会使整个面部显得下沉，比较老气。因此，刷腮红的时候，应该不要超过眼睛中间或接近鼻子的地方。

有一种简单的方法可以确定腮红的位置：当你微笑时，以脸颊的最高点为腮红的中心，可以此点为色彩最浓郁的位置。在耳朵前方至太阳穴的区域向中心涂抹即可。

第三步 涂腮红

打腮红时，从耳朵往鼻子方向扫，增加骨感，增加立体感。要注意，扫腮红时不能低于鼻孔的横线，再往下走，妆效会显得老气。最简单最通俗的做法是，长脸向上扫，圆脸向下扫。其次，扫完后用剩余色在下巴扫一下，让腮红显得更自然。

标准形脸：腮红不超过眼中及鼻子下方，由颧骨向太阳穴处向外向上刷或是刷成椭圆形。

长形脸：可以用打圈的方式画出较圆的腮红范围，然后从耳朵开始横向由外而内，由颧骨至鼻翼涂抹腮红，位置不可低于鼻尖。

小圆形脸：则适合用横向式刷出斜向的腮红，以调和脸形的不标准。然后从太阳穴开始由下而上涂抹至颧骨，靠近鼻侧，不要低于鼻尖，不要刷进发际。

菱形脸：从耳际稍高处向颧骨方向斜刷，颧骨处的颜色应该深一些。

方形脸：由颧骨顶端向下斜刷，面颊的颜色应刷深些，刷高些，或刷长。

倒三角形脸：颧骨部位用深色腮红拉刷，颧骨下方用浅色腮红横刷，使脸形显得丰满。

正三角形脸：面颊刷高些，长些，适合用斜刷法。

你做得对吗？

错误：腮红涂了一遍又一遍，老觉得在镜子里看不见什么颜色，一出门却觉得浓了，很土气。

正确：众美眉常会发现，在镜子前觉得颜色刚好，镜子一拿远，反而觉得太浓，所以刷完腮红后，站离镜子约1~2步的距离，检查腮红浓度是否刚刚好。

分析：妆容往往是在你觉得合适的时候，其实已经过了，尤其是腮红，最好的程度是觉得还欠一点的时候，其实刚刚好。

第四步 修饰脸形

1. 大脸

正面观察，如果两边下颌角宽于或平齐于颧骨两边，就需要用略深的腮红掩饰，深棕红色比较吻合东方人的肤色要求。

操作方法：沿耳朵前方至下颌角的方向刷上深色腮红，上深下浅，并充分揉开。注意深色腮红和周围色彩的衔接，均匀相融才算到位。脸部太丰满或太宽阔，腮红还可以接近鼻子处，以达到使面部显得修长的效果。

2. 小脸

为了更富立体感，用小刷子蘸上浅色修容粉，刷在窄小、不够突出的部位，小脸会顿时明亮而有生气起来！通常，额头中央、鼻梁和下巴都是涂浅色修容粉的位置。太阳穴和眼睛下方涂刷浅色可以让眼睛更为明亮，光彩绽放。浅色修容粉和周边肤色的过渡要自然，尤其是深浅相交的位置。

第五步 定妆

用棉扑轻柔按压涂匀，隐去边界的界线。用大号粉刷晕染边界处，使腮红显得更加自然，色泽更持久。

魅力叮咛

脸形比较瘦的人，腮红应刷在较外侧部位，这样会使脸显得宽大一些。从整个脸颊延伸到发鬓，用腮红呈椭圆形斜向晕染，在脸部的这个部分使用粉红色的腮红，更好地突出颧骨的高度，可以使瘦削的脸形看起来比较丰满。

魅力加分心得1：肤色和腮红色的亲密关系

腮红的色彩过重、过于明亮或是不均匀都会让脸颊看上去平坦而沉重，就像是把眼影涂到了面颊上。腮红所要达到的效果就是反射光泽并增加脸部的立体感，它的色泽不应该比你脸颊自然红晕时所呈现的色泽更为深重。因此肤色和腮红的关系很亲密！

桃粉色和粉色适合肤色白皙的人。

金色、橘色适合肤色偏暗的人，而且质地的选择上一定是要有光泽感的。

完美的搭配是让腮红色与唇膏的色系保持一致，这样，即使是再挑剔的眼光也会哑口无言。比如，珊瑚粉、樱桃色唇膏都可与浅玫红色腮红相配。

初学者可以选择那些最自然的色系，白皙的肤色可以选择颜色最浅的肉色、杏肉色、淡粉色和黄中偏红的腮红，这些都是亚洲人非常适合的腮红色。肤色深一点的，可以选择咖啡色和浅金色。

打造红润气色可以选择粉红、玫瑰红和橙色，这也是最适宜30岁女人的腮红色调。从颧骨处向耳际处斜向的涂抹方法，可以让妆容看起来有成熟的韵味；而从颧骨处以月牙形的涂抹方法上腮红，则可打造年轻的感觉。

私房工具箱

芭比布朗 / BOBBI BROWN　漾香腮红
雅芳 / AVON　新炫粉颊彩
封面女郎 / COVERGIRL　色燃胭脂
M.A.C　液体腮红
卡姿兰 / CARSLAN　立体梦幻双色胭脂
植村秀 / SHU UEMURA　幻彩胭脂
美宝莲 / MAYBELLINE　嫣柔胭脂
色彩地带 / COLORZONE　嫣柔水分腮红
兰蔻 / LANCOME　柔美胭脂
M.A.C.　哑光腮红
蝶翠诗 / DHC　腮红
安娜苏 / ANNA SUI　魔幻魅惑腮红
露华浓 / REVLON　莹泽胭脂
红地球 / RED EARTH　盈亮胭脂
娇兰 / GUERLAIN　流金柔美光彩胭脂
姬芮 / ZA　胭脂 眼影彩粉

魅力叮咛

液体腮红，质地轻薄，非常好用，出来的效果也比较自然，不过液状腮红要在上好粉底、使用蜜粉定妆前使用，才不会将妆面弄脏。在上粉底后、压蜜粉定妆前，只要用手指取适量点在颧骨处，用手指指腹涂匀，不要害怕涂不到而涂得太宽阔，手法有点像是要将它拍上去的感觉，或用质地坚实的湿海绵蘸取推开。因为延展性高，很容易就晕染出自己喜欢的浓淡，再轻压上蜜粉，也可以让妆效较为持久，比粉状腮红更好上色。不过，液状腮红比较适合年轻妆容，成熟妆容还是以粉状腮红为好。

膏状腮红，也可以让妆容更自然、更持久。先打好基础粉底，在脸颊比较宽大、需要修饰的位置用深色粉底。随后直接在两边颧骨抹上膏状腮红。用手或小海绵轻轻涂开，让其与周围肤色粉底的过渡尽量自然，浓淡适中。最后用手掌轻拍，使腮红更服帖。

魅力加分心得2：腮红带来的四种变身魔法

1. 小脸收缩术

其实，在国外很多品牌，称腮红为"修容饼"，这一称呼似乎更能说明腮红在修容这一特定功能上的高明。使用得当的腮红手法，可以让你的脸颊看起来收缩了1.5厘米！

（1）选择大号粉刷蘸取比肤色略深的修容粉轻扫脸颊侧面，进一步强调脸颊阴影。

（2）选择轻柔的自然色腮红、大号圆头刷，扫在靠近面部中心的脸颊处，制造脸颊中心立体印象。

（3）选择略深的自然色腮红、扁头刷，刷抹颧骨下方，加强脸部轮廓。

（4）选择带有珠光效果并有渐变色彩的面部用闪粉，轻轻刷抹在眼睛下方，提亮面部中心。

2. 健康气色变身术

用自然色腮红，可以巧妙地调节妆容健康度，呈现由内而外的健康红晕。现今的化妆手法似乎都很随意，就连腮红也不例外，感觉就像是淡淡用手指在颊骨上揉开的，做出仿佛锻炼过后面部微微的红潮感。

如果只在颧骨部分涂抹，则更加可爱迷人。使用腮红粉，感觉淡雅温馨；使用腮红膏，则可营造可爱的风情。

（1）选用含有珠光成分的腮红可增加肌肤光泽，提升妆容整体亮度。

（2）用腮红刷蘸腮红，大面积扫在颧骨下到太阳穴的位置，以提升面部肌肉线条。

（3）用剩余的腮红轻扫鼻梁，注意手腕的力量要均匀，不要在某处有过重的停顿。让双颊的红晕更自然健康。

（4）用刷子上的最后一点余粉，扫在下巴和额头的部位，强调整体感。

（1）对着镜子微笑，找出涂抹腮红的部位：在笑时突出的部位。

（2）将腮红膏拍打在手背上，涂抹时由内向外沿颧骨一圈圈地进行。为了获得更加自然的光泽，最好用手指涂抹腮红膏。使用粉状腮红时，选择毛尖略呈椭圆形的腮红刷，从内向外，一圈圈晕开。

（3）如果不喜欢特别光滑的质感，就一定要用粉扑再进行拍打，然后用大粉刷顺着颧骨画圆，以得到自然的红晕。

3. 可爱少女变身术

色泽粉嫩的腮红可以营造俏皮可爱的妆感，希望变身为可爱的少女时，最常使用的是粉红色腮红。

4. 性感女郎变身术

想要获得更加润泽的肌肤和强烈的妩媚印象，使用含珍珠粉质感的性感白色和珍珠色腮红和更深的咖啡色、珊瑚色做双重的晕染。

（1）往腮红里加上珍珠闪粉加亮，可以平添性感。或者选择本身含有珍珠粉、具有珍珠光泽的腮红。

（2）首先涂抹珊瑚色，用手指将腮红膏从颧骨外侧向内打圈涂抹。

（3）小刷头的腮红刷在颧骨处涂刷含有珠光成分的腮红，然后从颧骨内侧向外侧涂抹。

Q&A

Q：好不容易完成一个满意的妆容，却发现腮红涂得太多，怎么办才好？

A：在打完底妆就发现腮红涂得太多的时候，用海绵轻轻按拭，可以形成一层色泽薄薄的自然印象。已经完妆以后发现腮红涂得太多，这时可用干净面纸包着蜜粉扑按压最浓的地方，再慢慢晕开；或用刚上过粉底液的海绵点拍上去，再上蜜粉就可以补救了。

Q：脸上有斑，应该怎么用腮红？

A：有斑点的美眉，应该避免用膏状或液状的腮红，以免糊掉了原本的粉底，斑点会更明显。使用粉状腮红，在上过粉底、遮瑕、定妆以后，用柔软的腮红刷上色。

Q：使用腮红会让自己更年轻吗？

A：让自己看起来年轻，腮红非常关键，以打圈方法从面部中央扫开，位置略高，以提升面部肌肉走向，会令人精神而年轻。

Q：已经不再年轻了，应该使用什么颜色的腮红？

A：成熟的女性一定不要再使用鲜嫩色系的腮红，选择自然稳重的暖调子腮红，比如橘色、珊瑚红、朱红等颜色是比较保险的做法。

6

新面子美女主题妆容：
生活场合化妆

Part Six

魅力行动1：
清新怡人的生活简妆

化妆重点

生活简妆又称日妆，一般用于日常生活和工作，是都市职业女性的日常生活化妆，但不少人对淡至何种程度才是既清新又怡人的装扮却是不大会运用的。其实，不明显的色彩、平顺的线条就是恰到好处的方法。以淡雅为度，体现一种自然美感是妆扮的目的。

化妆步骤

1. 底妆

首先根据自己的肤色选择一款比自身肤色亮一度的液体粉底，以起到调整肤色的作用。打液体粉底的时候速度一定要快，在液体粉底的水分没有蒸发之前，把粉底涂抹均匀。

2. 定妆

定妆时留意眼睛周围的细部，如下眼睑，应逆着皱纹的生长方向从外眼角往内眼角定妆。面部其余部分使用粉扑，用拍按的手法即可。

3. 眼妆

眉毛是平衡脸形最关键的部位，所以描画眉毛时一定要注意形状，生活妆的眉形不宜太夸张，颜色不要太浓，只需用眉粉淡淡描出形状即可。

用睫毛夹把睫毛夹翘定型，在夹睫毛时第一步把睫毛完全放进睫毛夹里，然后夹睫毛中部，再夹根部，这样睫毛就有自然的弧度感了。

在涂抹睫毛膏时，先横着涂增加睫毛的浓密度，然后再拉长。在下睫毛的处理上可以用睫毛膏竖着一根一根地刷。如有粘连可用小梳子梳开，但一定要在睫毛没有干之前，以免把真睫毛梳掉。

4. 唇妆

涂唇彩让唇部更亮丽、有质感，在下唇中部可适当地多涂一些唇彩使唇部更立体饱满。

5. 颊妆

用粉色的腮红刷在笑肌处，使肤色健康自然有红晕。用珠光色的散粉修饰下眼睑，使皮肤看起来有光泽。最后，用粉扑对面部与颈部的妆容进行衔接。

魅力行动2：
异国风情酒会妆

化妆重点

职业场合的妆容可以清淡，可以循规蹈矩，可以洒脱自由，也可以表现专业精神，甚至只要有口红就可以了。但在晚间的正规的派对中，如鸡尾酒会、冷餐酒会中，你的优秀首先取决于你自己的形象和表现，因此酒会妆容正是职业女性造型必修课。

将眼妆作为妆容重点，是表现职场女性知性魅力的途径。其实，不同的眼妆或者只是不同的色彩，甚至仅仅是不同的光泽或晕染范围，都会让你如千面夏娃一样，让低调的魅力和高调的风尚相并存。酒会妆的目的之一，不外是给人留下深刻印象，就让我们用眼妆来打造极富异国风情的酒会妆容吧……

化妆色彩采用最为体现浪漫情调的紫色，华美的葡萄紫色很适合东方女性，用于眼妆作层次的烟熏晕染，更是充满女性魅力，令人心动。同时，再辅助以藕粉色系的唇部质感，使整款彩妆的设计更突出时尚优雅感。除此之外，作为强调女性美的酒会妆容还可以使用几乎任何颜色，比如非常适合东方人肌肤色泽的金色、体现女人味的粉红色，色彩高手还可以玩玩多色搭配的眼妆游戏。

请记住最关键的一点，就是选择适合自己的眼妆颜色，并将色彩从浓到浅均匀晕开。利用色彩、线条、光影，来增加眼部及脸部的立体感，再通过精心勾画的唇妆来展现精致妆效。

化妆步骤

1. 底妆

如果有时间的话，用3分钟清洁白天的残妆，然后用一张补水面膜安抚已经劳累一天的脸部肌肤；15分钟后使用化妆底霜快速调整肤色使肌肤焕发容光；再花6分钟使用三色粉底上底妆（深色、浅色、中间色）。浅色粉底比你自己的肤色浅一号，使用在"T"字部位（额头、鼻梁）、颧骨上方、下巴；中间色粉底与肤色最接近，作为整个脸部的底色；而比肤色稍深一些的深色粉底则用在两颊外侧、下巴等处以修饰脸形；并用1分钟用大粉刷蘸珠光肤色蜜粉定妆。

要是没有时间的话，使用明亮的粉红色系粉饼快速补上底妆，保湿喷雾距离一臂远，薄薄喷在整个脸部，使妆容看起来比较新鲜。

2. 眉妆

眉毛强调色泽层次与眉峰的角度，利用深色眉笔与眉粉、眉刷的搭配来完成。眉头浅而眉峰深，眉形要求舒展妩媚，尽显女性魅力。

3. 眼妆

先用柔软的黑色眼线笔，结合自己的眼形描绘出细致的上下眼线，想要眼睛大些，可将眼线在眼瞳位置稍画宽点，这样眼睛看起来又圆又大；想要眼睛看起来长些，更妩媚一些，可在眼尾位置拉长上翘。

眼影结合欧式层次来表现立体感：整个眼框铺浅紫色眼影打底，最深色的熏紫眼影从眼尾下笔，向眼头刷在睫毛根部，与黑色眼线自然衔接；换用中号刷子从睫毛根部向上向下从深到浅均匀晕开，与中间色的浅紫色融合；眉骨和眼头部分用明亮的浅粉紫色眼影表现高光，与中间层次的浅紫色利用层次强调整个眼形，塑造立体眼形。注意，做烟熏眼是上下都要画的，所以一定不要忘了下眼睑哦，程序是一样，但范围要小得多。

夹翘睫毛，有必要的话，在上眼线位置粘上自然的假睫毛。

4. 唇妆

眼睛已然是妆容的重点，唇部就不能太鲜艳。色彩采用自然浅淡的藕粉色唇膏。上色时，外围较重，逐渐向内渐层晕色，再蘸些亮色唇彩，从中央向外晕色，使唇部形成外深内浅、凹凸有致的唇形。

5. 颊妆

用桃红色腮红，将脸形轮廓再次修饰。腮红部分用斜刷的方式上妆，体现清爽立体效果。大的粉刷蘸细腻的珠光蜜粉扫在鼻梁、颧骨上方和下巴上。

6. 身体

为肩和锁骨扫上细腻的亮粉，结束整个妆容。

130

魅力行动3：
海边度假休闲妆

化妆重点

彩妆上的选择一定不能跟平时相同，当然要再多一些特别的效果以及光彩。多色混搭的眼妆，其冷暖适宜的色彩、轻薄透明的质感，微微的柔和珠光，让层叠与混搭变得轻而易举，在阳光充足的日子里，最适合一身轻松地出现在海边，展现清新、轻快的性感。

蓝色与红色、白色的经典搭配，可以带来夏季柔和浪漫风格和度假中舒畅惬意的好心情，一眼望去，蔚蓝的海洋便已扑面而来。

大海的蔚蓝，晨霞的绯红，再加上浪花起伏翻卷的白色，构成了妆容的主色调。多色混合的眼影其实并不是你想象的那样难，只要颜色搭配得当，色彩的组合就会创造出迷人的妆效。大面积渲染的蓝色是妆容的主调，色彩饱满、碧海晴空的蓝色不会带来忧郁感觉，只会让人生气勃勃。眼下的一抹粉玫红，以及眼头的白色，混搭在一起构成了完美的色彩集合，让眼妆非常有层次，回归鲜亮的感觉。这三种颜色是清新柔和的代表，深浅的搭配更造就了层次感和丰富性，相信没有人会不喜欢这悦目清爽的色彩。

完美的度假形象，是由内而外散发出的闲适、热烈和不羁，随心所欲的妆容技巧就最好。妆容重点在缤纷热烈、冷暖互补的浪漫风眼睛和干净自然的裸肤风嘴唇上，以达到"脸部很干净、眼部很艳丽、唇部很健康"的妆效。淡雅的纯色系以及鲜明的彩色都是很好的表达色调，在此基础上，自然的唇色、颊影或是眼影晕染的面积和范围都可以任凭发挥，带有光泽的睫毛与腮边的红晕一样精彩，而这一切都离不开透明防晒的底妆。

化妆步骤

1. 底妆

妆容重点永远在于肤色肤质，而蓝粉白的三色搭配，更要求肌肤呈现由里而外透出来的自然健康。服帖轻薄的粉底液能够让整张脸看起来无妆感，却光彩有形。

在上粉底液前一定抹上足够的保湿乳液，这样才可打造出泛着青春光彩的肤色。

用肤色调理液或妆前饰底乳调理肤色是成功妆

面的第一步。尽量打薄，重点部位用珍珠色液体粉底配三分之一浅色粉底混合均匀涂在皮肤上，既能有效地改变肤色，还能有珍珠般质感的肤质。

遮盖掉面部的细小瑕疵，尤其是黑眼圈。

使用透明蜜粉定妆，以免辛苦化好的妆在炎热的夏季很快变花。

2. 眼影

既然是度假，就不用太用心去描画精致的眼形，只要增添少许亮泽和色彩就可以了。先将珍珠白色涂满整个眼睑，用黑色眼线笔沿睫毛根部化出眼线，用化妆刷晕开，眼睛会显得清澈有神。上眼睑使用带有珠光粒子、可以展示出大海浪漫情怀的蓝绿色，而下眼底明亮的粉色更为放松的你增添了几分可爱，眼尾的角度稍稍向上提拉，表达度假的轻松惬意。白色珠光眼影笔点染眼头、眼角双色交会的留白处，然后用白色珠光眼线笔沿下眼睑的内轮廓线勾画，会显得眼睛大而亮，特别适合有黑眼圈的职业女性。

蓝色适合搭配粉红色、浅紫，绿色适合搭配亮橘、灿金、闪粉。

3. 睫毛

睫毛夹翘，从上睫毛开始，先从上到下45°角下压涂抹，再从下到上45°角提拉涂抹，反复刷两至三遍，得到浓密的、根根分明的睫毛效果。阳光灿烂的海边，炎热的天气和随时可以跳进水里的机会，都容易造成妆容脱落，所以一定要选择一支防水性能良好的睫毛膏。

4. 眉毛

度假的场合，眉毛可以更加自然流畅，浓密、平直或深色的眉毛会更有时尚感。通过眉笔、透明膏可以做到。

5. 颊妆

以笑肌与颧骨的平行线横扫、晕染，就能形成两颊的立体结构，虽然显示出了高贵的气质和被阳光亲吻过的痕迹，但仍然可爱动人。在海边，粉状腮红会看起来厚重，还容易脱妆，因此选用液体腮红在颧骨涂展，脸色就像天生的红润。柔和的嫩粉、嫩橘、粉橘都可以成为首选的腮红用色，会让肤色变得柔和。

6. 唇妆

既然是放松的海边之旅，那么显示职业权威态度的深色口红可以退场，让甜美自然的唇色登台。

粉底遮盖唇色，选择淡玫瑰粉色唇蜜从边缘到中央涂抹，在唇部中间使用高亮度的透明唇蜜，使之在天然中有一些淡雅的光，让双唇呈现自然健康的粉色，凸显愉悦心情。清淡的唇色平衡整个妆容的厚重感，让整体妆效都透出清凉感觉。

新面子美女护肤法则

Part Seven

魅力行动1：皮肤基础保养

清洁

健康的皮肤来自规律的生活饮食习惯、充分的睡眠、基础的清洁保养、不懈的防晒和正确使用护肤品。唯有正确的洗脸方法，才有美美的肌肤。

用专用卸妆品卸除眼唇部的彩妆

把一张卸妆棉用卸妆水浸湿，放在眼睛上，停留2秒，然后轻轻抹去睫毛膏、眼影和眼线。注意不要用力拉扯眼皮，化妆棉上看不见颜色就可以了。

用卸妆油卸除脸部颈部妆垢

用比肌肤略为温暖的水湿润面部和手，再将卸妆品挤在手中揉搓，至融开后涂抹于脸上。此时，脸上的毛孔会因温度的上升而张开，清洁彩妆污垢的效果也更棒。

用洗面产品清洗脸部

用温水清洗脸部，然后将洗面奶挤于手掌心，加水揉搓至起泡后，轻轻揉洗脸部，再以清水洗净即可。

> **魅力叮咛**
>
> 干燥的肌肤比较脆弱，洗脸的力道要更加轻柔，混合肌肤要同时照顾出油的"T"字部位与干燥的双颊，容易长痘痘的油性肌肤容易出油的地方要更小心清洗。

润肤

正确的润肤顺序才能保证护肤品的最大作用，应遵循以下原则。

（1）从疗效型药妆产品到保湿润肤产品原则。有时候皮肤出现痘痘或者红血丝等情况，需要使用一些药妆品，通常乳液质地的产品，局部或者全脸都可以使用，而针对特别的创口部位的产品，如局部去痘产品，则应参照说明书使用，有的用在洁肤后，有的则用在护肤的最后一步，彩妆之前使用。

（2）从最稀薄的水到最浓稠的霜的原则。以护肤品的质地类别区分使用顺序，先水、中乳、最后油。这一方法可以依次用在确定一整套护扶品的顺序，以及同种产品，如同样两款以上面霜的使用顺序上。如果你先用了霜状的滋润度较高的产品，涂用后会在肌肤外层形成一层保护膜，那么分子较小的水状、精华液类的产品就很难再被肌肤吸收，更谈不上发挥作用了。研究发现，精华液的细小分子若能达到肌肤的底层，所携带的养分可高达88%；而油类的大分子产品，大多在肌肤表面发挥作用，所携带的养分只有6%左右。

化妆水——精华液——凝胶——乳液——乳霜——防晒霜，这才是正确润肤顺序。

防晒

在日霜后再使用专门的防晒隔离霜，这一点很重要。防晒隔离霜是日常护肤的结束，彩妆的开始。

通常顺序为：日霜——防晒——隔离霜——粉底。

选择隔离霜时，必须确认是亲水性的(即隔离霜的成分中，水的含量比油多)，这样才能将外界刺激物隔离并让化妆持久。这里不建议使用集保湿、抗衰老、防晒功能一体的防晒日霜，而要使用专门的防晒霜。因为一款产品的功效和所担负的职责是不同的，多效合一虽然方便省事，但一定会损失某方面的功效。

目前的防晒产品多将防晒与隔离同时做到了，这样的防晒品可以帮助皮肤抵抗紫外线的侵害，隔绝脏空气、灰尘甚至对抗电脑辐射，它的使用宗旨就是为皮肤提供一个清洁温和的环境，形成一个抵御外界侵袭的防备"前线"，所以千万不能省略。

> **魅力叮咛**
>
> 将乳液或润肤霜均匀涂抹在脸上,用手掌包裹住整个脸庞,让面部肌肤温度上升,使产品中的营养成分完全渗透到肌肤里。也可以在涂乳液前,把手掌搓热,这样可以帮助面部吸收营养。

魅力行动2:皮肤问题护理

过敏

又痒又干又痛……过敏,是敏感性皮肤常见的烦恼,每到换季的时候,各化妆品公司便竞相推出敏感性肌肤专用保养品,这也说明了,这个时代的敏感性肌肤真的越来越多了。

如果肌肤出现红疹、脱皮的过敏现象时,最好立即停用手边现有的保养品,改搽敏感性肌肤专用的保养品。

首先要重视清洁、保湿与润泽,应选不含香料、酒精、防腐剂的护肤品。护肤品成分中以下专有名词是容易引起敏感的化学物质,购买产品前要先在外包装上查看清楚:alcohol(含酒精)、bronopol、Sorbic acid(山梨酸)、parabens(防腐剂)、fragrance(香料的总称)。最好选择标有"敏感肌肤适用"字样的洁面乳。洁面时不应使用洁面刷、海绵或丝瓜络,以免因磨擦而造成敏感。最好搭配不脱屑的化妆棉,于脸上轻擦两次,确保保湿成分均匀分布于脸上。另外,搽乳液时也不要搓揉,最好的方式是利用双手先搓揉温热乳液,按压于脸上,减低诱发过敏的可能性。

皮肤敏感者不宜选用刺激性强而浓度高的修护霜,偏微酸性且无香料或标明敏感皮肤专用的最好。

缺乏维生素C容易令皮肤粗糙枯干,从而引致皮肤炎、脱皮等敏感症状。在含丰富维生素C的蔬果中,梨与奇异果是首选,多吃可以加强皮肤组织,有助对抗外来敏感源。

选用含Titanium dioxide(二氧化钛)或zinc oxide(氧化锌)等物理性防晒产品。但这些物质容易跟金属产生化学作用而引起黑斑,因此,必须让防晒品完全干透后才可以戴首饰。

敏感性肌肤，忌多种品牌、多种功效并用的保养方式。

经过以上程序还是过敏的肌肤，停用一切产品，将半杯橄榄油兑半杯清水，夜晚当洗面品和滋润品使用。

痘痘（痤疮）

年轻MM的肌肤都容易出现痘痘和粉刺问题。

粉刺、痘痘主要集中在额头、鼻子部位，这要好好检讨自己的清洁工作和作息方式了。

痘痘若是红色、久不冒脓，粉刺若是封闭性类型的话，很可能是使用了不适合肤质或者肤龄的保养品，引起营养过剩，从而诱发痘痘、粉刺。

一定要确保清洁工作到位。

夜间保养应该以补水保湿为重点，让皮肤实现水油平衡状态为目标，并有针对性地使用消除粉刺、抗痘类保养品。

检视保养品，是否过度滋润或者超越了使用年龄，导致供输给皮肤的营养成分过多而出现"虚不受补"的状况，此时，更换不适合肤质或肤龄的保养品是最好出路。

如果已经出现大面积发痘或长粉刺状况，建议停止使用面膜、精华液等高机能保养品，每晚只做清洁、爽肤、面霜程序，直至发痘和粉刺状况有所减轻为止。

衰老

迈入40岁的女性，荷尔蒙分泌显著下降，表皮的更新速率，由原来的28天周期退化为50天才代谢更新一次。皮肤明显感觉干燥、粗糙。表面纹路增多，皮肤出现明显的松弛衰老状况。

我们一方面要避免选用过于刺激的保养品，以免增加皮肤的负担，另一方面则要选择高滋润、高效的加强产品，来达到肌肤细致有弹性的效果。每天在涂防晒霜之前抹一些抗氧化的精华素或是保湿乳，这样可以加强皮肤的防御能力，更好地抵御紫外线和自由基的伤害。

干燥

若常常身处容易让肌肤流失水分的环境中(机舱、空调间、寒冷地区)，请使用高度含硅的面霜。硅能在肌肤上形成一层保护膜，很好地防止水分的流失，防止外界的刺激。而在化妆打底液中也通常含有高度的硅。

较干的皮肤不宜用粉饼、散粉，而应该在上过粉底之后用含有玫瑰花精华或其他舒缓保湿成分的喷雾喷在皮肤上，令粉底更服帖，不会出现细纹。

魅力行动3：面部塑形

松弛可是当仁不让的美女杀手！再精致的五官也弥补不了松弛带来的衰老，通过独特有效的按摩，让肌肤被动运动，从而对抗松弛和衰老，也是提升脸部线条，达到紧致和瘦削的好方法。

修复紧肤按摩

适合：25～30岁以上肌肤，细胞轻度受损，肌肤有轻微的松弛现象，因熬夜等原因造成的偶尔浮肿。

1. 放松抬头纹

运用大拇指与食指的指腹，沿着眉毛，重复运用深度的大夹捏动作。

运用大拇指与食指的指腹，以小夹捏的动作轻滑夹捏肌肤表面，指腹与抬头纹的接触面呈90度。

2. 平滑蹙眉纹

运用大拇指与食指的指尖，以小夹捏的动作轻滑夹捏肌肤表面，指腹与蹙眉纹的接触面呈90度。

3. 调理鱼尾纹

运用大拇指与食指指腹，以轻柔的小夹捏的动作轻滑夹捏肌肤表面，指腹与鱼尾纹的接触面呈90度。

4. 强化颧骨

运用大拇指与食指的指腹，在颧骨部位，运用深度的大夹捏动作，以刺激肌肤的承托组织。

从下巴尖沿下颌骨至太阳穴运用深度大夹捏动作。将手指往手心卷曲，运用画圆的方式按。

超强紧肤按摩

适合：30～35岁以上肌肤，长期处于压力环境中，细胞中度受损，在眼睛等个别部位肌肤松弛较明显，面颊开始有松懈且向两边扩张的迹象。

手法：用手指在以下1～6每个点上各按压5次。

（1）下颚中间：保持脸部轮廓。

（2）笑线以及嘴唇上部：凸现弧度效果，防止沟壑变深。

（3）鼻子的最上端：放松肌肉，并增强最常使用区域的肌肉。

（4）咀嚼肌：防止下巴松弛，修正轮廓。

（5）颧骨区域：改善脸颊轮廓，增强提肤效果。

（6）额头肌肉：额头紧肤，防止眼睑下垂。

5. 提拉法令纹

运用大拇指与食指的指腹，沿着法令纹，以轻柔的小夹捏动作轻滑夹捏肌肤表面。

6. 重塑面部轮廓

魅力叮咛

按摩时使用黄豆粒大小的活力修颜精华液，用以上按摩手法可以加强精华液的吸收，每周三次，坚持两周，就会让肌肤变得更有弹性。

魅力加分心得：塑造小脸美人

既然不想让脸部承受手术削骨后所带来的痛苦，那么从日常生活中做起，除了本身是脸部骨头大的美眉之外，大多数的小脸美人绝对是可以后天养成，只是瘦脸就跟瘦身一样，除了要用正确的方法，更重要的是得持之以恒。

1. 按摩眼周消除浮肿

闭起双眼后，利用指腹的力量轻轻按压眼睑部位，以画曲线的动作轻画至太阳穴的位置。

2. 自鼻头往颧骨下用力推高

新陈代谢不好的人在做这个动作时会有轻微疼痛感，以拇指指根来进行，往颧骨下方开始推高。

3. 刺激下巴前端的淋巴

下巴周围淋巴腺容易有循环滞留的问题，从下巴前端沿着脸线按摩推高到耳后。

4. 让淋巴液完全排除

利用双手沿着脊椎向下按摩，让自脸部推至耳朵的淋巴液一口气顺利地排除代谢。

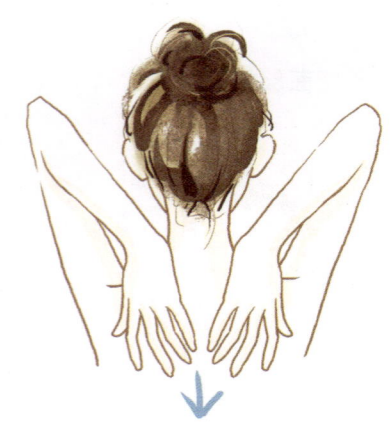

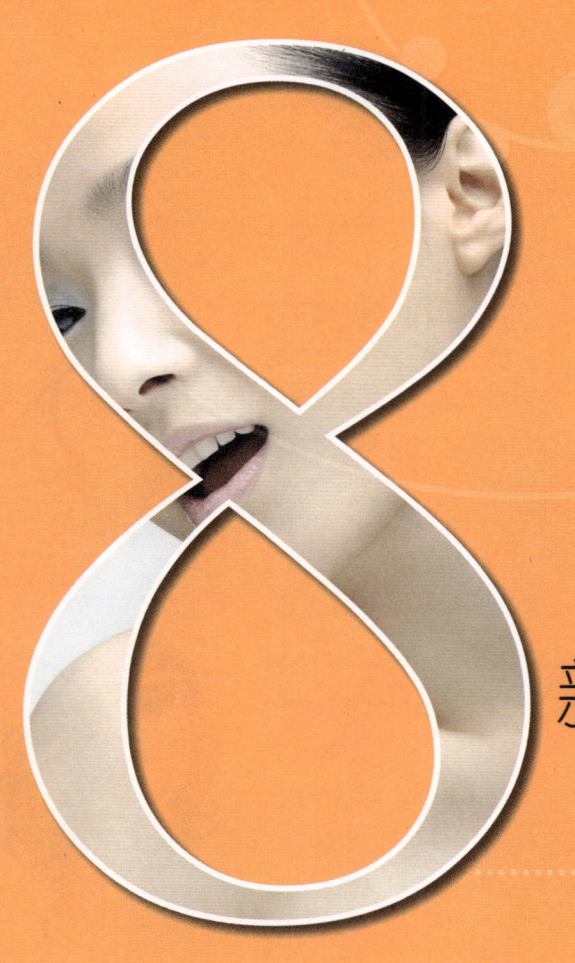

新面子美女
发型表情

Part Eight

魅力行动1：塑造新面子美女时尚发型

穿着打扮再怎么精致考究，脸部妆容再怎么完美无瑕，缺少了美丽的发型作搭配，则会使整体造型效果大打折扣。

除了以头发长短作为挑选发型时候的重要依据外，能够充分展现出自己的品味与风格更是不可忽略的条件。依据造型风格分类的发型目录单元，是您塑造形象的最佳帮手。其实每个人适合的发型有很多种，找到适合自己的风格，在长短卷直黑紫魅蓝的变化中，体会着头发带来的乐趣。

自然风格：随意自然，线条简洁，发型的整体造型没有厚重感，发色大多以天然发色为主。

代表：日本

柔美风格：层次感强，以卷发居多，突出迷人的女人味，酒红色和浅色的发色为最佳选择。

代表：韩国

经典：直线剪裁，简洁、大方、精致，线条平稳，层次单一，发色大多选择深色系。

代表：沙宣

时尚：自然，略有曲线感和层次感，线条流畅，轻柔，发色大多以天然发色为主。

代表：托尼英盖

找到你的发型师

好的发型设计和修剪质量取决于寻找到好的发型师。那种看起来是随意的、无比慵懒性感的造型的头发，其实是精心打造的结果，是对发型师技艺的严峻考验。所以睁大眼睛，选择一个优秀发型师，不要让新发型成为你的噩梦。

1. 正确认识自己的需要

一个满意的新发型应该使你看上去更有神采、气质，并且符合你的生活习惯和生活场合，而且打理起来不需要费太大精力。希望一个发型把你变得像明星一样是不切实际的，不切实际的要求只会为你徒增烦恼。是计划进行一次改变形象的大冒险，还是仅仅计划有个小小的修剪，自己的心里绝对先要拿定主意。

2. 给发型师一个准确的自我形象展示

去美发前，记得让自己的服饰和妆容最能体现你的个性气质，这可以胜过任何语言的描述。要知道，发型师看到的更多是一个静态的你，好的发型师会跟你聊聊你的职业和兴趣，但最直观的仍只是你的脸形。所以，用一点心展示你的内在气质，也许能在一瞬间唤起发型师的创作灵感。有些发型可能看似雷同，但一些局部细节的变化或许会让你的整个形象焕然一新。

3. 与你的发型师沟通

如何与发型师建立默契呢？这需要培养你与发型师的沟通技巧。

与发型师接触，应当把自己的主张和期望表达清楚，如头发有哪些问题，想要什么样的发型等等。好的发型师通常会主动与你攀谈和交流。

即便你想完全交给发型师为你设计，也最好告诉他一个简单的范围和特质，比如说"我要保留长发，刘海不要长过眉毛或头发不要短过肩……"不过，百依百顺的发型师并不是好发型师，有的时候敢违背你的意愿给你一些忠告，往往是他负责任的表现。

尝试准确描述你想要的感觉，比如"轻盈的、飘逸的、有垂感的、蓬松的"；或说出想要的气质，比如"活泼的、成熟的、有女人味的、另类有个性的"，而不是具体指导发型师怎样剪。

另外，还可以把平时看到的自己喜欢的发型图片、杂志上相似的款式收集起来，拿给发型师看，让他对你的要求一目了然。如果你还没想清楚做什么样的改变，可以询问发型师，请他用专业的眼光帮你分析和判断，选择是保持现状好还是改变形象更为适宜。最好把自己的职业、性格、爱好多与发型师作沟通，以便发型师根据你的特质提出相应的建议。你也不妨留意他关于发型的见解，这有助于你了解他的专业水平。

或者可以先听发型师的建议，自己再加一些要求，在专业人士建议的基础上提出自己的要求，不失为一种改变形象的好方法。不要忽视发型师的建议，即使你不同意他的分析，也不要固执己见。在修剪造型过程中，尽量不要过度提出新的主张，这会影响发型师的思路，给造型带来局限。

对自己形象有一定见地的人可以自己提出大方向，让发型师在此基础上发挥，没有人比你自己更了解你的需求，要长发的飘逸还是短发的利落，取决于你的生活方式，发型师是不能替你做主的。

除了告诉发型师你想要什么之外，还可以围绕头发问题多做一些交流，当然也包括闲聊。因为在聊天的过程中，发型师可以更深入地了解你的个性和爱好，从而设计出更适合你个人气质的发型。在交流的过程中，你可以更多地了解你头发的特质，以及该如何修剪、染烫和护理。当然，交流也是你挑选发型师的最有效途径。除了手艺，谈话也能看出一个人的水准。一般的美发师都知道要根据顾客的脸形来确定发型，但实际上需要兼顾的还有很多，包括发质、脸形、发量以及客人的性格等，这些都是通过发型师自身的观察和简单的谈天来获得情报的。

造型完成之后应向发型师咨询在家打理的正确方法。现代时尚的发型崇尚自然简单，也不需要用大量的啫喱和定型水来折腾，回家也可以轻松打理。好的发型师一定会告诉你回家该怎样打理你的头发，如果还需要你特地跑到发型屋去做哪怕很简单的护理，那这款发型再漂亮也只成功了50%。

4. 跟定你的发型师

最后的建议是跟定这个适合你的发型师，这样他会越来越了解你，而且久了还会给你一定的折扣。允许有一两次他给你做了令你失望的发型，你一定要委婉但如实告诉他你的感受，以便他今后更好地为你服务。频繁地更换发型师，就等于把自己的头发当试验田。每个发型师都是在不了解你的基础上做的发型，这样每次都很难有特别好的效果。有了固定的发型师，他便能更多地熟悉和了解你，彼此培养出默契。他能根据你的喜好、脸形、肤色等，设计出适合你的发型与发色，也能够针对你个人发质的特别情况，有针对性地采取措施避免发质的老化和受损，并能阶段性地与你商谈和调整设计、构思发式，使你的发型一直处于最佳状态。

魅力叮咛

不一定要去很贵的发廊沙龙，重要的是适合你！还要明白不是越贵越好。也许你找的那个获得过什么大赛第一名的发型师，可能他的思路根本不适合你。也许你选择用了最好的染发剂、烫发精，其实不少品牌已经能够达到非常好的效果了，可价钱却便宜很多。

也不能贪便宜，结果不理想。其实很多好的发型可以维持2～4个月的，算一算，也会觉得很值得。

这里需要提醒你的是，你需要找到适合你的发型师而不是执著于某一个发型沙龙或发廊。或许你可以在一个又有规模又有名气的发型屋里找到你中意的发型师，但要是你已经辗转了数个这样的地方，那么不妨为找人而找店。尽管大店能网罗进大批优秀的发型师，但那并不意味着他们其中有适合你的，如果你已经找到了一个好的发型师，即使那家店不够大，我也郑重地请你不要放过他。

魅力行动2：
新面子美女时尚染发

东方人的发色，一般来说较为沉重，所以在决定染什么发色时要根据自己的肤色、发质、个性和职业等具体情况来判断。

肤色VS发色速配

中国人比较适合的颜色有黑色、淡棕色、酒红色、亚麻色。这些颜色比较冷，和黄皮肤配在一起看起来清秀自然。忌浅淡的金、黄、橙色系列。

白皙肤色：适合的颜色范围很广。染浅，如金棕色、亚麻色等，可呈现出脸部的明亮感与白皙的透明感。稍深的颜色，比如栗色和红色系也很适合。较浅的铜色系可以唤出阳光感觉，表现青春活力；深点的棕色、黑色、酒红色、蓝色则会给人一种干练成熟的美。

偏黄肤色：红、紫最适合亚洲人的偏黄肤色，可以让肤色看起来红润健康。其中紫色可以中和皮肤中的黄色调，也能将肤色衬得更明亮。深栗色和深酒红色、红紫色都相当不错。黄色或者别的颜色是绝对的禁止物！

深肤色：偏深的古铜、小麦肤色要回避红色系。蓝黑、棕色系最理想。因为肤色比较暗，所以尽量用亮色泽。铜色系也可以带出阳光气息，浅棕色来做挑染也很不错。

个性VS发色速配

个性内敛、文静：以选择接近自然发色的颜色，如蓝黑、棕褐、暗红、阳光色等。

个性外向、活泼：喜欢尝试新鲜事物的人，不妨选一些张扬、耀眼的颜色，如葡萄红、浅紫色、蓝色或金色。不过，像紫色、蓝色这样另类的颜色，容易褪色，比较夸张，适合小面积使用，比如挑染。

职业VS发色速配

从事时尚职业，如造型师、化妆师、设计师或艺术工作的人，大多喜爱彰显个性，所以选择"炫"的颜色也未尝不可。亚麻绿、金红色，各种方式的挑染都很出彩。

从事相对保守的职业，如白领女性、公司高管、教师等，则可以选择接近发色的深色，如深棕色、深栗色、蓝紫色这类比较保守的颜色。深色的挑染也不错，有一种若有若无的感觉，而且富于变化。

如果平时工作要求染发的颜色不能太过大胆和醒目的话，可以用挑染把颜色藏在头发内层，在参加派对的时候只要用一个特殊的夹子重新对秀发做些打理，就可以立刻呈现出与平时截然不同的面貌。

魅力行动3：
新面子美女时尚护发

享受专业护发

闪亮的秀发，可让整个人看起来神采奕奕，反之，如果发质干枯，没有生气，那么，你的妆容再美丽，整个人也会看起来无精打采。像护肤一样护发吧，那是每个精致女人都必须学会去做的！

　　威娜、欧莱雅、施华蔻、宝美奇、卡诗都是值得信赖的大品牌，如果没有这些品牌，就请咨询发型师并听取他们的建议，还要注意产品的生产地址、日期。

1. 头皮精华液
头皮护理产品可帮助调理头部毛囊状况，护理液中的营养成分能让头皮毛囊充分吸收，从而抑制皮脂分泌过量，健康地养护头皮。

2. 按摩头皮
选择去沙龙，给头发做个完美的SPA，不仅可以缓解头皮的压力，也可让你紧张忙碌的生活暂时得以放松。

3. 补水排毒
不只是肌肤才需要补水排毒。给头皮补水，才能从根本上滋润发丝。除了平时选用滋润型的洗护产品，在条件允许的情况下，定期去美容院用高品质的仪器护理头皮，也是上乘之选。

4. 发膜
就像面膜为肌肤补充水分和营养一样，发膜是头发的"面膜"，能够滋润、加强及帮助重组头发的纤维组织，修护和改善发质，尤其是干枯的头发，以及经电烫、漂染等受损的发质和长直发，最好能定期使用发膜护理。

5. 精华素
能够深入头发内层滋润干枯受损的发质，并能在头发表面形成修护层，免受气候、冷烫、日晒和电吹风的继续侵害，补给所需的营养成分，同时在头发表面形成一层滋润保护膜。

6. 焗油膏
在发廊一般都使用热蒸油膏营养滋润头发，美发师将头发分区抹上油膏，再加上揉压按摩以及蒸汽加热，效果的确比较好。油膏可以弥补发囊输送给头发的营养不足，通过头发的鳞状表层吸收养分。产品中的营养能深入头发内层，给发发强力保湿和营养，使发丝有活力、有弹性。

魅力加分心得1：使用天然材料自己护发

1. 草莓牛奶发膜

这款发膜可以有效保养头皮，滋润发根，促进头发的健康生长，并锁住水分。

材料：5颗草莓，两颗VE胶囊，鲜奶、小麦粉适量。

做法：草莓洗净去蒂，捣碎或者打成泥。把VE胶囊刺破，把里面的VE挤进草莓糊中。缓缓倒入鲜奶，搅拌均匀。可适量加入一两勺小麦粉，调整发膜的黏稠度。

用法：洗净头发后，用毛巾吸至半干。将发膜涂在发上，充分地按摩头皮。用热毛巾将头发包起，套上浴帽。15到20分钟后洗净头发即可。

2. 食醋

传统的护发方法。1公斤温水中加入150毫升食醋，每天坚持1次，不仅能去屑止痒，对于减少头发分叉、防治白发也具有一定效果。

3. 西红柿牛奶发膜

这款发膜可以恢复头发的天然光泽，并能在出汗频繁的夏日去除发中的异味。

材料：一个比较熟的西红柿，鲜奶、小麦粉适量。

做法：把西红柿洗净去蒂，捣碎或者用搅拌机打碎。将鲜牛奶慢慢倾入西红柿泥中，搅拌到看不见块状西红柿为止。可适量加入一两勺小麦粉，把西红柿牛奶发膜调至你喜欢的黏稠度即可。

用法：洗净头发后，用毛巾吸去多余水分。将发膜涂在发上，充分地按摩头皮。用热毛巾将头发包起，套上浴帽。15分钟后洗净头发即可。

4. 蛋黄洗发液

这种方法适合干燥、无光泽的头发，一个新鲜鸡蛋，一份普通洗发液，使用时如果再加一点醋，会令头发更加柔软。将它们搅拌均匀，洗发后涂在发丝上，用毛巾和浴帽把头发包起来，5分钟后洗去。

5. 啤酒润发液

将头发洗净、擦干，用整瓶啤酒的1/8，均匀地抹在头发上，再做一些手部按摩，使啤酒渗透头发根部。15分钟后用清水洗净头发，并用木梳或牛角梳梳顺，能达到枯发变亮的效果。

6. 茶水润发

天然植物润发方法。用洗发液洗过头发后再用茶水冲洗，可以去除多余的垢腻，使头发乌黑柔软、光泽亮丽。

7. 蜂蜜牛奶调理发膜

这款发膜可以舒缓日晒或染发后的脆弱发质，使受损的毛鳞片整齐排列，秀发还原自然光滑度。

材料：纯蜂蜜4大勺、鲜奶小半杯、酸奶小半杯、少许橄榄油。

做法：将鲜奶和酸奶混合。倒入蜂蜜，打匀。加入几滴纯橄榄油，搅拌到液体无清浊之分。将搅拌均匀的发膜放入冰箱，冰镇10分钟，取出，再搅拌一次即可使用。

用法：洗净头发后，用毛巾轻轻包住发梢，吸走水分。将发膜涂于发上，充分按摩头皮。用热毛巾将头发包起，套上浴帽。20分钟后洗净头发即可。

★日常护理

1. 自己动手打理时尚秀发，学会正确的洗头方法

（1）洗发前应先用发刷刷去头发上的尘垢，再用36℃～40℃的温水将头发浸湿，令头发更容易清洁。

（2）将洗发露倒在掌心后涂抹到头发上，加入一点温水，揉搓至产生丰富的泡沫。第一遍轻轻按摩，第二遍用指肚按摩全部发根及头皮，待全部揉搓完毕后用清水冲洗干净。动作要轻，否则会使油脂分泌过多或人为造成脱发。

（3）将护发素倒在掌心后，均匀地涂抹在头发上。因为发梢最易受损，首先从发梢开始，然后逐渐向上均匀涂抹。同时为了避免发根变重、头发下垂，发根及头皮处不宜使用护发素。按摩后不要立即冲洗，稍微等待一段时间会获得事半功倍的效果。

（4）把头发擦拭至半干状态后，用干毛巾把头发包好，两手压紧毛巾，将头发上的多余水分吸收干净。头发在湿漉漉的状态下，毛鳞片容易脱落，所以千万不要用毛巾使劲摩擦头发，以避免引起头发表面的毛鳞片受损。

（5）刚洗完头，头发上的毛鳞片是张开的，洗完发后先用毛巾轻拍掉大部分水分，然后再用吹风机把头发吹干。吹发时，吹风机应距离头发20厘米左右，而且尽量选择低温状态。

2. 日常打理烫过的头发

（1）只需要洗完头发，用柔软的布巾吸干水，抖松就好，最好不在湿发的时候用梳子，否则容易把头发拉直（虽然洗后还能恢复卷曲）甚至折断。

（2）如果需要快干及蓬松，可以在洗完头发后低头用温度稳定的吹风，小风低温，从发根开始，吹至八成干。

（3）在八九分干的时候，使用适合自己的发乳、发蜡或保湿喷雾等饰发品，再抖松。注意将饰发品在手中揉开，只需抹到发梢或需要支撑的位置即可，不用整头都用。

（4）学会正确打理手法。无论是抓还是用手指缠绕，这些看起来简单的动作也不要忽略，请教发型师具体做法，才能保持发型的最佳效果。整理好的头发最好不要用手去摸或者用梳子去梳通，以免破坏饰发品的定型效果。

（5）如果当天没洗头，那么第二天早上只需用手蘸水，与使用饰发品同样的手法将头发打湿就可以了，因为饰发品并没失效，只是变干了，只需给它加湿就可以了，直到下次洗头。

3. 日常打理染过的头发

（1）上色清洗。做得不好，就可能会造成色素粒子的大量流失，很多人的头发上色不鲜，并非染得不好，而是清洗方法有问题。

（2）用温水洗头。水温太热，会造成色素粒子的流失，但水温太凉，会使洗发产品残留在头发上，使发质受损。

（3）洗发水不要碱性太强，不然不牢固的色素粒子容易脱落，造成脱色。

（4）护发。洗发后使用的护发素，最好是染发后专用的，因为一般护发素中的酸性物质也会造成脱色。你既可以选择染发剂中附送的护发素，也可以选择一些专为染发准备的专业产品。

魅力叮咛

马上需要拜访客户，或者下班后需要立刻参加一个晚宴，没有时间去美发沙龙清洗整理头发，那么直接做个发髻，10分钟就能轻松完成变身，大方不失礼。

魅力加分心得2：在家打理头发需要准备什么？

1. 洗护产品

还是建议用专业的，多跑一些专业发廊，建议的品牌有：保罗米切尔、威娜、欧莱雅、施华蔻。

另外根据发质和季节的不同选择合适的洗发水。春夏季节油脂分泌多,应该选用清爽去头屑和有修护功效的洗发水;秋冬季节干燥寒冷,应该选择能滋润的洗发水。

干性头发的人要注意选用弱酸性洗发水,因为碱性洗发水会带走过多油脂,使头皮更加干燥。如果洗护做得很好,自己在家就不用焗油了,有条件的话一个月左右去专业发廊用专业品牌的焗油膏做一次就可以了。

2. 吹风机

用来让塌塌的发顶变得蓬松。最好能有几档恒定的温度可供选择。建议的品牌有飞利浦。

3. 饰发品

用来打理做好的发型。一定要用适合自己的饰发产品。不同的产品有不同的作用,要根据发型需要加以选择。所以最好向发型师咨询,必要时可以在发廊购买,因为专业品牌划分得很细,对头发更有针对性。建议的专业品牌有:保罗米切尔、威娜、欧莱雅、施华蔻。

4. 卷发器、直板夹

以备不同场合变换你的发型。建议的品牌有沙宣、松下等。

5. 认识饰发品

摩丝:定型能力一般,质地轻柔,适合在造型以前,或较软的发质使用。对初步造型,保持头发卷曲度效果最好。

啫喱膏、啫喱水:质地清爽,定型能力强,适合发量较多的头发,在七八分干的时候使用。

发乳:乳霜质地,定型能力较强,滋润,适合短发或在吹风造型前使用。

发蜡:质地浓稠,适合短发或卷发,能得到自然的定型效果,尤其适合发尾定型。

私房工具箱

威娜SP保湿润发乳

威娜创艺莹亮液

沙宣垂坠质感直发啫喱水

潘婷丝质顺滑锁水亮泽发妆滋养水

欧莱雅顺柔润丝直亮精华液

卡诗奥丽深层修复液

沙宣炫色滋养美发乳液

施华蔻珍珠莹彩锁色亮彩精华乳

倍欧烫后营养喷雾

倍欧加倍营养修护油

AVON维亮柔亮弹性水发蜡

欧莱雅盈波亮泽精华液

化　　妆：范　欣　宏　伟　姜月辉
　　　　　李　瑞　任　丽　深圳山大
　　　　　周　伟
模　　特：塞　彬　赵远辉等
摄　　影：王　健

封面化妆：任　丽
模　　特：赵远辉
摄　　影：王　健

个别未联系到的图片作者请与编者联系
china-beautyfashion@live.cn